KB090954

하브루타 Havruta 디베이트 Debate 밀 키 트 Meal Kit

가장 중요한 것은 질문을 멈추지 않는 것이다. 호기심은 그 자체만으로도 존재 이유가 있다. 영원성, 생명, 현실의 놀라운 구조를 숙고하는 사람은 경외감을 느끼게 된다. 매일 이러한 비밀의 실타래를 한 가닥씩 푸는 것으로 족하다. 신성한 호기심을 절대 잃지 마라.

- 알버트 아인슈타인

하브루타 디베이트 밀키토

초판 1쇄 발행 2022년 8월 25일

지은이 고현승 정진우
펴낸곳 글라이더 **펴낸이** 박정화
편집 한나래 **디자인** 김유진 **마케팅** 임호

등록 2012년 3월 28일(제2012-000066호)
주소 경기도 고양시 덕양구 화중로 130번길 14(아성프라자)
전화 070)4685-5799 **팩스** 0303)0949-5799
전자우편 gliderbooks@hanmail.net **블로그** https://blog.naver.com/gliderbook
ISBN 979-11-7041-109-3 (03590)

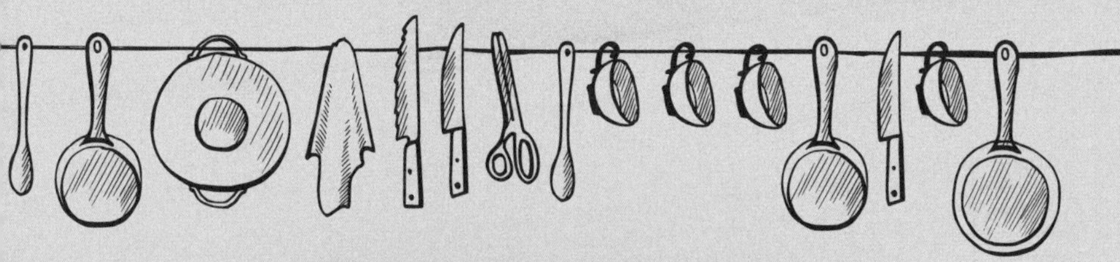

하브루타 Havruta 디베이트 Debate 밀키트 Meal Kit

고현승
정진우

글라이더

이 책은 그대로 따라 하면 토론이 되는 밀키트이기도 하고, 갖가지 재료를 더해서 새롭게 만들 방법이 널린 토론 도우미이기도 합니다. 핵심 논제에 찬성과 반대 의견을 주고는 '이렇게 말해봐. 저렇게 이야기해도 되잖아. 요건 생각해봤니?' 하며 생각을 확장하게 도와줍니다. 밀키트에서 설명만 읽는 사람은 없지요! 밀키트를 꺼내 요리해야 맛있는 음식이 생기죠. 설명서에 따라 그대로 만들건, 자신만의 생각으로 만들건 요리해야 합니다.

- **권일한**(《책벌레 선생님의 행복한 책 이야기》 저자)

수많은 이야기와 정보가 넘치는 세상입니다. 대부분은 목적지를 모르고 길을 잃어버리기 일쑤입니다. 말하는 이는 넘치지만 정작 듣는 이는 없습니다. 대화와 소통이 단절된 시대에 가정에서 먼저 연습할 수 있는 안내서가 나왔습니다. 이 책은 가족들이 언어와 소통을 배우는 초등학생과 함께 대화하는 습관을 길러줍니다. 아이들이 일상에서 겪는 고민거리로 쉽게 대화를 나눌 수 있도록 '밀키트'를 구성해놓았습니다. 가족조차도 각자의 삶만 중요하다고 여겨지는 현실에서 '우리의 이야기'를 하나씩 쌓아가는 것은 어떨까요?

- **권경우**(《착한 사람들의 나쁜 사회》 저자)

이 책을 읽으면서 문득, 질문을 너무 많이 했다는 이유로 아테네 시민법정에서 사형을 선고받았던 소크라테스가 생각났습니다. 지혜의 유산을 오랫동안 점유했던 자연철학자들과 소피스트들에게 소크라테스가 던진 질문과 대화가 얼마나 파격적이고 충격적이었기에 독배까지 마셔야 했을까요? 2,400년 전, 아고라를 요동치게 한 소크라테스의 파격과 초탈의 질문과 대화가 이곳에 있다고 하면 너무 과장일까요? 《하브루타 디베이트 밀키트》는 감히 소크라테스와 소피스트들을 21세기로 소환하기에 충분한 책입니다. 나아가, 소크라테스에게는 독배가 주어졌지만 고현승, 정진우 선생님께는 축배의 연회가 주어길 것을 확신합니다. - **신기원**(밀알두레학교 교장)

하브루타의 꽃은 논쟁(Debate)입니다. 논쟁은 보물찾기입니다. 탈무드 랍비들은 치열한 논쟁이야말로 하브루타의 본령이라고 하면서 논쟁을 적극적으로 장려합니다. 불꽃 튀기는 논쟁 속에서 금빛 찬란한 진리가 한꺼풀 벗겨지는 황홀경을 맛보곤 합니다. 하디 밀키트를 보니 하브루타 질문 학습법을 넘어서서 논쟁 학습법으로 진화하는 것 같습니다. - **김정완**(《코리안 탈무드》 저자)

한국인들은 토론을 힘들어 합니다. 특히 글로벌 시대에 국제무대에 나가면 실감할 수 있습니다. 언어 장벽도 있다고 하지만 학창 시절에 토론다운 토론을 배워보지 못했기 때문입니다. 하브루타와 디베이트의 전문가이신 두 선생님께서 이번에 큰일을 하셨습니다. 책의 내용대로 연습하면 훌륭한 토론의 리더가 될 것입니다.

- **양동일**(《말하는 독서 하브루타 교사 가이드북》 저자)

좋은 수업에는 좋은 질문이 있습니다. 미래사회를 대비하려면 정답 찾기식 교육이 아니라 문제를 발견하고, 질문을 만들어내는 능력을 키우는 교육이 필요하다고 합니다. 하브루타와 디베이트가 주목받는 이유가 바로 질문이 있는 수업을 가능하게 하기 때문입니다. 이 책은 하브루타 수업, 디베이트를 실천하려는 분들이 활용할 수 있는 질문과 실천 사례가 가득합니다. 밀키트처럼 구체적인 대화 요리법이 소개되어 있어 처음 시도하는 분들이 부담없이 접근할 수 있게 도와줍니다. - **김영식**(좋은교사운동 공동 대표)

《하브루타 디베이트 밀키트》의 발간을 축하합니다. 고현승 선생님과 정진우 선생님이 함께 마음을 모아 다음 세대, 우리의 자녀들을 위한 섬세한《하브루타 디베이트 밀키트》를 심혈 기울여 우리 곁에 귀한 선물 보따리를 펼쳐주셨습니다. 주제 하나 하나가 흥미롭고 자녀들과 학교 현장에서 학생들과 나누고 싶은 내용이었습니다. 디베이트는 어쩌면 어른인 기성세대가 더 필요한지도 모릅니다. 부모 세대가 하브루타와 디베이트에 녹아 있는 일상의 삶이 될 때, 자녀들이 더 재밌고 즐겁게 배움의 기쁨을 누릴 수 있기 때문입니다.

- **신병준**(소명교육공동체장)

고현승 선생님은 학급에서 아이들에게 짝을 짓게 하고 서로 질문하는 훈련을 몸소 실천하는 하브루타 요리사입니다. '듣는 마음'이 실천되어야 그 사람의 이야기를 들을 수 있어 대화를 이어갈 수 있음을 아이들에게 가르치고 있습니다. 정진우 선생님은 "찬성과 반대를 넘어 우리가 되는 문화 만들기"를 강조하며 아이들에게 세상을 바라보는 다양한 시각과 안목을 기르게 하는데 헌신하고 있습니다. 두 분의 공동의 노력으로 만든《하브루타 디베이트 밀키트》는 창의력 신장, 지적 호기심 자극, 무엇보다 대화를 이끌어가는 힘을 키울 수 있는 조리법입니다. - **조이훈**(밀알두레학교 중등 과정 교감)

첫째 딸이 친구들에게서 받은 질문이 아직 인상에 남아 있습니다.

가족 단톡방에서 시시콜콜한 일상부터 진지한 인생 고민과 시사적인 의견 교환까지 대화가 그리 많은 데 놀랐습니다. 특히 아빠하고 어떻게 그리 오래(!) 대화하느냐는 것이었습니다. 저희 가족은 그 이야기를 듣고 거꾸로 놀랐습니다. 대화가 어려운 가족이 정말 많구나! 세 아이가 어릴 적부터 함께 책을 읽고 자연스레 대화하는 문화가 몸에 밴 터라 비결을 묻는 이웃에게 딱히 해 줄 말이 없었는데, 이젠 밀키트처럼 선물해 줄 적절한 책이 나왔습니다. 친절한 대화 레시피와 자녀들이 흥미를 가질만한 주제와 예시까지 풍부한 비법서입니다. 당장 이번 주 중딩 독서동아리 아이들과 '하디 밀키트'로 요리할 시간도 기대됩니다. - **김재균**(평택 한광중학교 교사)

"**오늘은** 어떤 주제로 토론해볼까?" 이 질문에 대해 수십 가지의 하디 밀키트 메뉴를 제공합니다. 와우! 하브루타와 디베이트를 가볍게 시작할 수 있는 친절한 밀키트라니요! 실제로 가족이 참여하여 대화한 사례가 꼼꼼히 담겨 있고, 대화를 나눈 후 추가활동 아이디어와 에피소드까지 담아두었어요. 실천가족의 추가활동을 살펴보면서 더 깊어지는 대화와 탐구를 엿보게 되어 밀키트를 잘 소화해내었을 때의 매력을 듬뿍 볼 수 있답니다. 자, 이제 여러분의 차례예요. 토론 주제로 고민하는 시간 대신 밀키트를 펼쳐서 하나씩 도전해보세요. 그러다 보면 어느새 하디 고수의 가족이 되어 있을 거예요. 행복한 시간은 더 달콤한 선물이고요. 지금부터 저의 도전은 이 책의 하디 밀키트를 모두 요리해보는 거랍니다. 함께해요!

- **김혜경**(《하브루타 부모 수업》 저자)

하브루타 부모교육을 하다 보면 늘 따라오는 질문이 있습니다. '밥상머리 토론이 좋은 건 알겠는데 어떻게 해야 할지 모르겠어요.' 이 책은 이런 질문에 대한 좋은 답이 될 것 같습니다. 특히 마지막 주제별 질문 목록은 토론의 물꼬를 틔우는 비법 소스의 역할을 톡톡히 할 것입니다. 이젠 겁내지 말고 하브루타와 디베이트에 도전해 보세요. 우리에겐 밀키트가 있으니까요.

- **최경연**(한국하브루타연합회 교육연구원, 꿈키움연구소 소장)

토론 관련, 오랫동안 알고 지내던 정진우샘이 책을 내신다. 정진우샘은 쉽지 않은 조건에서도 토론 문화를 확산시키기 위해 애써온 토론계의 리더다. 자신이 근무하는 학교는 물론 대안학교에서 토론 문화가 확산되도록 애써왔다. 이 책도 역시 그러한 노력의 일환으로 내는 책이다. 저자도 책 내용도 믿음이 간다.

- **케빈 리**(한국토론대학 학장)

안녕하세요? 하디 밀키트 가게에 오신 걸 환영합니다. 하디 밀키트는 '하브루타 디베이트'를 쉽게 따라할 수 있는 가정식 대화 밀키트입니다. TV를 보면 요리에 진심인 멋진 아빠들이 화려한 솜씨로 음식을 뚝딱 해냅니다. 저는 요리를 잘하지 못해서 요리를 하는게 엄두가 나지 않습니다. 그런데 이제는 주방에서 라면만 끓이던 제가 다양한 요리를 식탁에 올리게 되었습니다.

요리 똥손인 제가 밀키트를 사서 조리법을 따라 하니 아이들이 좋아했습니다. 우삼겹 순두부찌개, 단짠제육, 간장닭갈비, 몬스터 후렌치후라이 등 감히 꿈조차 꾸지 못하는 음식도 두렵지 않습니다. 요리 잘하는 아빠들을 보면 주눅이 들었는데 밀키트 덕분에 가끔씩 주방에서 어깨를 활짝 폅니다. 요리 울렁증을 벗어나니 자녀와 대화를 힘들어하는 엄마 아빠들이 떠올랐습니다. '대화 밀키트가 있다면 얼마나 좋을까? 가정에서 대화 문화를 꽃피게 할 수 있지 않을까?'라는 즐거운 상상이 가족이 함께하는《하브루타 디베이트 밀키트》를 만들었습니다.

이 책은 쉽고 편하게 요리할 수 있는 가정식 대화 밀키트로 초등학생과 부모님이 가정에서 함께 즐길 수 있습니다. 또한 시간에 쫓겨 가족 대화를 하고 싶어도 엄두를 못 내는 분들께 도움이 되며, 하브루타 디베이트를 잘 모르는 부모님들도 쉽게 이용할 수 있습니다.

하브루타와 디베이트 교사인 저희는 교사 입장보다 부모의 마음으로 하디 밀키트를 준비했습니다. 가게 이름인 '하디 밀키트'는 '하브루타'와 '디베이트 밀키트'를 줄여서 만들었습니다. 저희는 하브루타 아빠(이하 하아), 디베이트 아빠(이하 디아)로 부르기로 했습니다. 하아는 열네 살 딸, 열 살 아들의 아빠로, 디아는 다섯 살 딸 아빠로 만나 하디 밀키트 메뉴를 연구했습니다.

끝으로 하디 밀키트 가게 창업을 위해 함께 참신한 아이디어를 아낌없이 나눠준 하아 아내 미남과 은결이와 은율이, 디아 아내 준호와 이솔이, 사랑합니다. 우리 가게를 멋지게 만들어 주시고, 창업을 제안한 글라이더 가족분들께도 감사드립니다.

2022년 여름

하디 밀키트 창업자 고현승, 정진우

차례

추천의 글 • 04

들어가는 말 • 10

이 책의 활용법 • 15

하디 밀키트, 알기 쉬운 용어 정리! • 16

1부 : 하디 밀키트 사용 설명서

하디 밀키트 창업 철학 Q&A 12 • 18

하아와 디아가 추천하는 인기 메뉴 Top 48 • 25

하디 밀키트, 고수로 가는 길 • 76

하디 밀키트 필수 재료 소개 • 80

아이 눈높이에 맞는 하디 밀키트 요리 놀이 • 81

하디 밀키트, 10배 맛있게 즐기는 노하우 12 • 85

하디 밀키트, 대한민국 최초 체험단 리뷰 • 92

2부 : 쟁점 하디 밀키트

아이들이 관심 갖는 주제는 무엇일까? • 103

'쟁점(爭点)', 그것이 알고 싶다 • 108

쟁점 하디 밀키트 매뉴얼 • 111

메뉴 1. 동물 실험을 허용해야 한다 • 121

메뉴 2. 비속어를 사용하면 안 된다 • 124

메뉴 3. 공부를 잘해야 성공한다 • 128

메뉴 4. 플라스틱 사용을 금지해야 한다 • 132

메뉴 5. 동물원을 없애야 한다 • 137

메뉴 6. 친구의 별명을 부르면 안 된다 • 141

메뉴 7. 통일은 꼭 해야 한다 • 144

메뉴 8. AI교육을 도입해야 한다 • 149

메뉴 9. 늦잠을 허용해야 한다 • 153

메뉴 10. 성형수술을 해서라도 예뻐져야 한다 • 156

메뉴 11. 사형제도를 폐지해야 한다 • 161

메뉴 12. 개고기를 먹으면 안 된다 • 165

메뉴 13. 초등학생은 스마트폰을 사용하면 안 된다 • 168

메뉴 14. 화가 나면 화를 내도 된다 • 173

메뉴 15. 단독주택이 아파트보다 살기에 더 좋다 • 177

메뉴 16. 수학 교과는 선택으로 바뀌어야 한다 • 183

메뉴 17. 방 정리정돈은 꼭 해야 한다 • 187

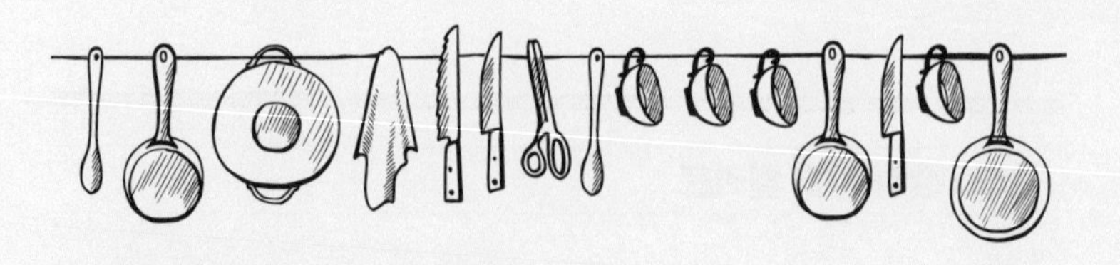

3부 : 질문 하디 밀키트 365

질문 밀키트를 맛있게 먹는 9가지 방법 • 194

'어떻게 먹느냐'가 가족의 품격을 만든다 • 202

신비한 질문 하디 밀키트, 마음과 마음을 잇다! • 205

[일상] 아이의 마음과 일상을 함께 이야기를 나누고 싶을 때 • 207

[가족] 가족을 더 잘 이해하고 친밀한 가족 관계를 원할 때 • 214

[사회] 세상의 다양한 분야에 호기심 있게 탐구하고자 할 때 • 224

[교과] 자연·환경·과학 • 226

[그 외] 독서 생활 관련 질문 • 228

[부록1] 뉴스와 신문 기사에서 찾은 디베이트 밀키트 메뉴 • 238

[부록2] 삶과 일상을 새롭게 바라보는 인생 질문 224 • 246

[부록3] 키워드 질문 만들기 샘플 • 257

참고 자료 • 264

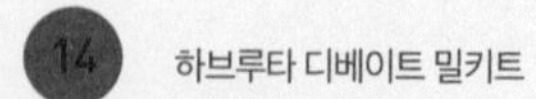

이 책의 활용법

하디 밀키트는 가족 대화를 돕기 위한 도구다. 가족 대화를 하고 싶지만 어떻게 해야 할지 어려워하는 엄마 아빠들은 쉽게 따라할 수 있는 가족 대화 매뉴얼을 필요로 했다. 하디 밀키트는 이런 부모들의 바람을 떠올리며 만들었다. 여러 가정의 대화 습관을 고려하여 하디 밀키트를 이용할 수 있도록 안내했다. 가정의 특징에 맞게 초급, 중급, 고급 과정을 선택하여 책을 활용할 수 있다.

초급 과정 : 하브루타와 디베이트를 처음 접하는 가정

1단계 : 1부 하디 밀키트 창업 철학 Q&A 12
2단계 : 3부 질문 하디 밀키트 365
3단계 : 1부 하디 밀키트 사용 설명서

중급 과정 : 하브루타와 디베이트 내용은 알지만 아직 실천하지 못한 가정

1단계 : 3부 질문 하디 밀키트 365
2단계 : 1부 하디 밀키트 사용 설명서
3단계 : 2부 쟁점 하디 밀키트

고급 과정 : 하브루타와 디베이트를 꾸준히 실천하여 가족 문화로 만들고자 하는 가정

1단계 : 1부 하디 밀키트 사용 설명서
2단계 : 2부 쟁점 하디 밀키트
3단계 : 부록1 뉴스와 신문에서 찾은 하디 밀키트 메뉴

하디 밀키트, 알기 쉬운 용어 정리!

①**하디** : 하브루타와 디베이트

②**하아, 디아** : 하브루타 아빠와 디베이트 아빠

③**밀키트** : 하브루타와 디베이트 설명서

④**메뉴** : 하브루타 질문과 디베이트 주제

⑤**요리하기** : 하브루타와 디베이트를 진행하는 과정

⑥**재료** : 하브루타와 디베이트 구성 요소

⑦**음식(요리)** : 하브루타와 디베이트의 진행 결과

⑧**요리 도구** : 하브루타와 디베이트를 할 때 필요한 준비물

⑨**맛과 영양소** : 하브루타와 디베이트의 교육적 효과

⑩**체험 후기** : 하브루타와 디베이트 활동 소감

⑪**디저트** : 참고자료, 참고 질문, 추가 활동 아이디어

⑫**하디 아빠의 TIP** : 하디 아빠의 추천 노하우

- 1부 -
하디 밀키트 사용 설명서

1부에서는 가족 대화 밀키트로 요리하는 방법과 메뉴를 소개한다. 하디 밀키트 사용 설명서를 따라 한다면 요리를 잘 못하더라도 맛은 괜찮게 낼 수 있다. 개발자의 창업 철학과 노하우를 이해하고 필수 재료 특징을 안다면 하디 밀키트를 유용하게 활용할 수 있다.

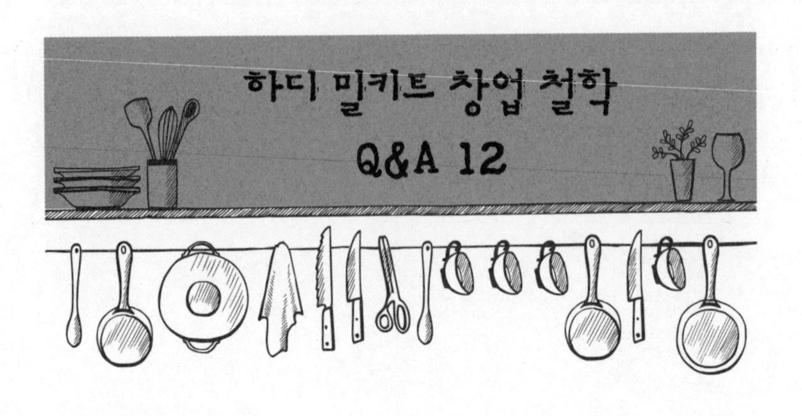

1. 어떻게 해서 하디 밀키트를 개발하셨나요?

부모가 가정에서 자녀와 하브루타와 디베이트를 쉽고 편하게 할 수 있도록 대화용 밀키트를 만들었습니다.

2. 하브루타 밀키트의 바탕이 된 하브루타는 무엇인가요?

하브루타(havruta)는 둘씩 짝을 지어 질문하고 대화하며 토론하는 공부법입니다. 이 단어는 스터디 파트너, 동료, 우정을 뜻하는 히브리어 '하베르(haver)'에서 나왔습니다.

3. 하브루타 밀키트의 특징은 무엇일까요?

①혼자서 하지 않고 짝과 함께 요리합니다. 두 사람이 마주 보며

서로 질문하고 즐겁게 대화합니다.

②하디 밀키트는 정답이 없습니다. 어느 한 가지 맛을 고집하지 않고 다양한 맛을 기대하면서 요리합니다.

③하브루타 밀키트는 눈으로만 하는 조용한 요리가 아니라 소리 내어 말로 하는 요리입니다. 둘이서 서로 대화하면서 요리하는 과정이 중요합니다.

4. 하브루타 밀키트를 개발하기까지 영향을 준 분은 누구세요?

우리나라에 하브루타를 소개하며 새로운 교육 문화를 전파한 고(故) 전성수 교수님이 《부모라면 유대인처럼 하브루타로 교육하라》(위즈덤하우스)에서 하브루타를 정의한 내용이 마음에 와닿았습니다.

"태교로 엄마 배 속의 아기에게 책을 읽어주고 말을 건네는 것부터 식탁에서 부모와 자녀가 대화를 나누는 것, 아이가 잠들기 전 베갯머리에서 대화를 나누는 것, 학교에서 교사와 학생과 급우들 사이에 질문과 대답이 오가는 것까지 전부를 일컬어 하브루타라고 할 수 있다. 심지어 길거리, 식당, 카페 등에서도 이야기를 나눌 상대만 있다면 모두와 하브루타가 이루어진다. 그래서 하브루타의 짝은 부모와 자녀, 교사와 학생, 친구, 동료, 낯선 사람 등 이야기를 나눌 수 있는 상대라면 누구라도 해당될 수 있다. 짝과 함께 이야기를 진지하게 주고받으면 질문과 대답이 되고, 그것은 곧 대화로 이어지며, 나아가 전문성이 더해지면 토론과 논쟁으로 귀결된다."

5. 하브루타 밀키트는 우리 아이들에게 어떤 점이 좋을까요?

아이들과 하브루타 밀키트로 대화를 나누면서 서로를 친밀하게 알아갈 수 있습니다. 이를 통해 몰랐던 가족의 삶과 특징을 만나고, 일상과 삶을 이해하는 넉넉한 마음도 갖습니다. 하브루타 밀키트를 활용하면서 정치, 사회, 경제, 환경, 철학, 과학, 수학, 음악, 미술, 영화, 문학 등 여러 분야를 넘나들며 대화할 수 있습니다.

6. 디베이트 밀키트의 뜻이 무엇인가요?

디베이트 밀키트는 정해진 규칙과 형식, 시간이 있습니다. 약속을 지키면서 주제에 대해 찬반 입장을 가진 토론자들이 논리적으로 반박하며 소통합니다. 그래서 디베이트는 찬반 입장이 분명한 쟁점이 있는 주제가 필요합니다. 또한, 디베이트는 일정한 형식이 있는 토론입니다. 가족들이 찬반 입장이 분명한 주제를 선택하여 정해진 시간과 순서에 따라 진행할 수 있습니다.

7. 디베이트 밀키트는 요리할 때 왜 형식을 중요하게 생각하나요? 이를 위해 어떤 노력이 필요할까요?

사람들은 이야기를 독점하려는 경향이 있습니다. 또한 제대로 듣지 않고 자기 생각만 정리하다가 주제와 먼 엉뚱한 말을 하기도 합니다. 이런 문제를 예방하기 위해 형식을 지키며 대화하는 연습을 해야 합니다. 이를 위해 자기가 말한 만큼 상대방에게도 말할 기회를 주고, 상대방이 말할 때는 핵심을 파악하려고 애를 씁니다. 약속된 시간에 맞춰 조리 있게 말하는 훈련을 합니다. 아이들은 상대방을 존중하며 말하는 연습도 합니다. 주장에 대한 정확한 입장을 세우고 타당한 이유를 들며, 이유에 대한 충분한 근거도 마련합니다.

8. 디베이트 밀키트는 디베이트 원리를 담아 만들었다고 들었습니다. 디베이트는 어떤 특징이 있나요?

①디베이트는 소통할 때 명확하고 구체적으로 자신의 생각을 표현합니다. 주제에 대해 찬성과 반대의 입장에서 말하는 소통 방법입니다. 참여자들이 대화를 독점하지 않고 공평하게 말할 수 있도록 시간과 순서를 분명하게 정합니다.

②디베이트는 문제와 갈등 상황에서 참여자들이 공감할 만한 공동의 대답을 만듭니다. 공동의 대답이란 '해결책 혹은 대안'입니다. 디베이트를 통해 더 나은 가치를 찾고 올바른 안목이 무엇인지 조율합니다. 이를 통해 문제 이면에 담긴 '가치와 의미'를 모색합니다.

③디베이트는 승부를 가리는 것이 목적이 아닙니다. 대화 과정에서 서로의 차이를 발견합니다. 참여자들이 가진 강점을 활용하고, 약점을 보완합니다.

9. 하디 밀키트 메뉴를 만들 때 고려했던 점이 있나요?

①아이들의 삶에서 의미가 있는 네 가지 영역(가족 갈등, 시사 이슈,

교과 내용, 친구 관계)을 중심으로 밀키트 메뉴를 만들었습니다.

②참고자료가 충분한 주제를 선정하여 초등학생들의 수준에 맞춰 관련 도서, 뉴스, 신문 기사에서 선택했습니다.

③제시된 사례는 아이들 눈높이에 맞춰 타당하지 않거나 말이 안 되는 것들이 있을 수도 있습니다. 이런 모습은 가정에서 토론할 때 얼마든지 나타납니다. 아이가 말한 이유가 수준이 낮더라도 용기 있게 자신의 생각을 표현하도록 격려하는 태도가 필요합니다.

10. 하브루타와 디베이트는 어떻게 해서 하디 밀키트로 새롭게 만들어졌나요?

하브루타는 질문을 통해 다양한 관점으로 치열하게 소통합니다. 디베이트는 쟁점을 가지고 입장을 달리해서 긴장감 있게 토론합니다. 두 가지 소통법을 활용하여 대화 밀키트를 만든다면 색다른 맛을 낼 수 있다고 생각했습니다.

11. 하디 밀키트의 맛과 영양소에는 뭐가 있을까요?

①재미와 즐거움: 질문하고 토론하는 재미, 가족을 새롭게 알아가는 즐거움을 느낍니다.

②새로운 관점: 우리 삶과 가족을 참신하고 낯선 관점으로 바라보려 노력합니다.

③호기심 자극: 치열하게 토론하고 질문하면서 호기심과 궁금증

이 생깁니다.

④생각 울타리 확장: 기존의 생각 틀을 벗어나 대화를 통해 생각의 울타리를 넓힙니다.

⑤표현 능력 신장: 공감받으면서 자신의 의견을 용기 있게 표현합니다.

⑥대화 가족 발견: 대화를 나누며 소통하는 가족이 왜 소중한지 발견합니다.

⑦일상 낯설게 바라보기: 엉뚱한 질문을 던지면서 일상을 당연하지 않게 바라봅니다.

⑧입체적 관점 형성: 주장하고 반론하면서 문제를 바라보는 입체적인 관점을 만납니다.

12. 하브루타 밀키트와 디베이트 밀키트의 공통점과 차이점은 무엇인가요?

밀키트를 구성하는 하브루타와 디베이트는 비슷하면서 구별됩니다. 디베이트는 대화 참여자들 사이에 지켜야 할 일정한 약속과 형식이 있습니다. 주제를 분석하고 자료를 조사하는 과정이 뒤따릅니다. 주장과 근거를 찾습니다. 반면 하브루타는 둘이서 짝을 이루어 질문과 대화를 치열하게 나누면서 해답을 만듭니다. 두 방식은 문제를 놓고 심도 있게 대화를 나눈다는 면에서 비슷합니다. 두 방식을 비교하여 다음과 같이 표로 정리했습니다.

[표] 하브루타와 디베이트 밀키트의 공통점과 차이점

	하브루타	디베이트
공통점	· 호기심을 갖고 문제에 다가서고 유용한 배경 지식을 얻음 · 탐구 대상에 분석적이고 비판적으로 접근함	
진행상 특징	· 끊임없는 의견 교환 · 하나의 정답이 아닌 다양한 해답을 모색 · 상대 의견을 공감하고 비판도 함께 함	· 지식 스포츠로 즐김 · 논리 게임 형태임 · 약속된 규칙과 형식이 있음
준비 사항	· 짝과 협력하여 소통하고자 하는 열린 마음	· 논제 뒷받침 증거 자료 · 배경 지식 준비 시간 · 진행 순서와 역할 공유
역량	· 상대 의견을 공감하는 힘 · '왜?'라는 질문을 던지는 힘 · 근거를 들며 의견을 비판하는 힘 · 내용을 자신의 말로 설명하는 힘	· 핵심 쟁점을 파악하는 힘 · 용어 개념을 명확히 설명하는 힘 · 적절한 근거와 사례를 제시하는 힘 · 허점과 오류를 비판하는 힘 · 요약하고 정리하는 힘
태도	· 어떤 질문이든 열린 마음으로 수용함 · 의견을 교환하며 배움을 함께 이루어 가는 협력적 자세 · 문제와 현상을 당연하게 여기지 않음 · 상대의 비판을 자신의 논리적 허점을 보완하는 태도로 받아들임	· 주장을 용기 있게 반박함 · 적극적으로 참여하는 자세 · 서로를 이해하고 배려하는 태도 · 치열하게 논박하며 문제 핵심과 본질을 탐구함

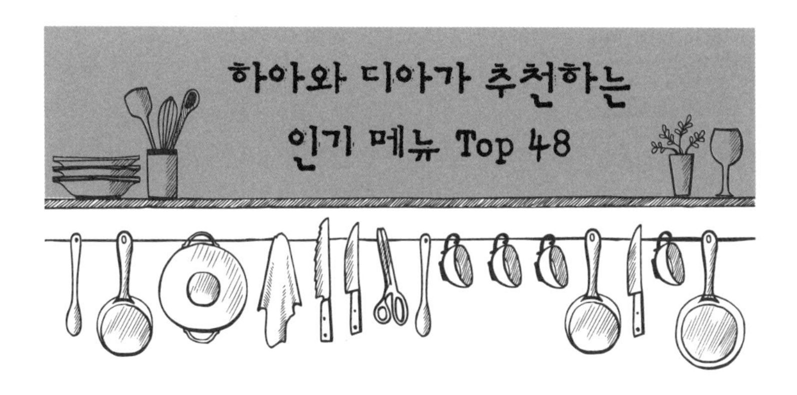

하아와 디아가 추천하는
인기 메뉴 Top 48

1. 방 정리정돈은 꼭 해야 한다.

대상 : 8세 이상 | 시간 : 5분 | 관심도 : ★★★☆☆ | 난이도 : ★★☆☆☆

자녀 방에 들어가면 정리정돈이 안 된 경우가 있다. 부모는 며칠을 참다가 정리하자고 한마디 했더니 아이는 개인 방인데 자기 마음대로 하지 못하냐며 짜증을 낸다. 개인 공간은 간섭받고 싶지 않다고 주장한다. 개인 공간을 어떻게 바라봐야 할까? 지저분하게 쓰더라도 그냥 두어야 할까?

찬성 입장

①정리정돈 습관이 필요하다.

②방은 개인 공간이지만 집의 일부이다.

③개인 공간이 지저분하면 생활 리듬도 깨질 수 있다.

반대 입장

①방이 지저분하다고 해서 정리정돈 습관이 없다고 판단할 수 없다.

②개인 공간은 쓰는 사람의 자유에 맡겨야 한다.

③방이 정리되지 않았더라도 생활 리듬이 깨지지 않는다. 정리정돈 문제는 생활 리듬과 관계가 없다. 그것은 개인 습관과 관련이 있다.

질문

①생활 공간을 어떻게 깔끔하게 할 수 있을까?

②방 정리 문제로 갈등을 겪은 경험이 있을까?

③어떻게 하면 아이의 정리력을 높일 수 있을까?

④개인 공간은 가족이 간섭해서는 안 되는 영역일까?

⑤방 정리를 잘하면 자기 주도적인 역량이 높아질까?

⑥거실 같은 공동 공간에 개인 물건을 아무렇게나 둘 때 해결 방안은?

2. 공부를 잘해야 성공한다.

대상 : 10세 이상 | 시간 : 10분 | 관심도 : ★★★★★ | 난이도 : ★★★★☆

'공부' 문제로 얼마나 많은 아이들과 부모들이 힘들어 할까? 공부를 잘하거나 못하는 아이, 잘하고 싶지만 못하는 아이 등 공부를 대하는 아이들의 태도는 다양하다. 자녀들은 왜 공부를 해야 할지, 공부를 잘해야만 성공하는 건지, '공부' 키워드로 질문을 만들어 보자.

찬성 입장

①공부를 하면 다양한 지식을 얻는다.

②공부를 잘해야 좋은 대학에 갈 수 있다.

③공부를 잘해야 성적이 올라간다.

반대 입장

①공부를 하지 않아도 다양한 지식을 얻을 수 있다.

②공부를 잘하지 못하더라도 적성에 맞는 학과에 갈 수 있다.

③공부가 아닌 다른 활동으로도 성적을 올릴 수 있다.

질문

①나에게 공부란 무엇이고, 공부를 하는 목적은 무엇일까?

②왜 공부를 잘해야 할까?

③공부를 잘하면 진짜 성공하는 인생을 사는 걸까?

④성공한 인생의 기준은 뭘까?

3. 방학 과제를 없애야 한다.

대상 : 10세 이상 | 시간 : 10분 | 관심도 : ★★★★☆ | 난이도 : ★★★☆☆

방학이 되면 좋지만 부담되는 게 바로 '방학 과제'다. 왜 방학 과제를 해야 하냐고 묻는데, 찬성 입장에서 보면 방학 과제 덕분에 방학 동안 학교에서 배웠던 내용을 실제로 적용하거나 자기 주도적 힘을 기를 수 있다고 한다. 반대 입장에서 보면 모든 교과 선생님이 하나씩만 내도 양이 너무 많아 숙제만 하다가 방학이 끝나버린다고 한다.

찬성 입장

①학교에서 배웠던 내용을 실제로 적용할 수 있다.

②방학 과제를 통해 자기 주도적 힘을 기를 수 있다.

③방학 과제를 하면서 부족한 공부를 보완할 수 있다.

반대 입장

①모든 교과 선생님이 하나씩만 내도 양이 많아 부담이 된다.

②숙제를 하다가 방학이 끝나버릴 수 있다.

③방학에는 과제를 하고 싶은 마음보다 쉬고 싶은 마음이 크다.

질문

①방학 과제는 왜 필요하고, 나에게 과제란 어떤 의미일까?

②과제를 성실히 하면 실력이 성장할까?

③ 방학 과제가 있다면 어떤 태도를 가져야 할까?

4. 늦잠을 허용해야 한다.

- 대상 : 8세 이상 | 시간 : 10분 | 관심도 : ★★★☆☆ | 난이도 : ★☆☆☆☆

잠을 푹 자면 피로가 회복되고 생체 리듬이 균형 있게 유지되고, 면역력이 생긴다. 그런데 아이들은 잠을 너무 적게 자거나 늦잠을 자는 바람에 다음 날 일상에 지장을 받기도 한다. 어떻게 하면 자신에게 알맞은 적정 수면 시간을 찾고 건강한 수면 습관을 가질 수 있을까? 학교 가는 날에도 늦잠 자는 문제를 어떻게 고칠 수 있을까?

찬성 입장

①사람의 일생의 3분의 1이나 되는 시간을 잠을 자면서 보낸다.

②늦잠은 피로한 몸을 회복시켜 준다.

③늦잠은 생체 리듬을 유지시켜 준다.

반대 입장

①늦잠을 허용하게 되면 계속 자고 싶어진다.

②적정 수면 시간이 있기에 늦잠이 필요한 경우에만 늦잠을 허용해야 한다.

③전날 밤 늦잠을 자지 않도록 일찍 잘 수 있도록 노력하면 된다.

질문

①늦잠이란 뭐고, 왜 늦잠을 잘까?

②늦잠이 나쁜 걸까?

③늦잠은 전날 늦게 잠을 자는 것과 관계가 있을까?

④늦잠을 자면 왜 규칙적인 생활 리듬이 깨질까?

⑤주말에도 평일과 같은 시각에 일어나야 할까?

5. 청소년도 신용카드를 사용해도 된다.

대상 : 12세 이상 | 시간 : 10분 | 관심도 : ★★★★★ | 난이도 : ★★★★★

청소년들을 위한 신용카드는 만 12세 이상이면 받을 수 있다. 건당 5만 원 이하 결제가 가능하며 월 10만 원에서 최대 50만 원까지 한도 설정이 가능하다. 사용처는 교통, 문구, 편의점, 학원에 한정되어 있다. 부모님이 정한 업종에서만 사용 가능하다. 현실적으로 아이들이 문화생활을 누릴 때 금액과 업종에 대한 제약이 많다고 한다.

찬성 입장

①청소년 신용카드의 경우 사용 한도가 정해져 있어 위험 부담이 적다.

②청소년 신용카드는 부모님이 정한 업종만 사용 가능하다.

③청소년 신용카드 사용은 경제 교육을 할 기회를 제공한다.

반대 입장

①경제 관념이 부족한 청소년들이 돈을 함부로 쓸 수 있다.

②도박, 보이스피싱 등 각종 금융 범죄에 노출될 가능성이 높다.

③경제 활동을 하지 않은 청소년이 신용카드를 사용하다 신용불량자가 될 수 있다.

질문

①쓰지 않기로 약속한 곳에 카드를 썼을 때 어떻게 책임을 져야 할까?

②청소년에게 신용카드란 어떤 의미일까?

③신용카드는 어떤 점에서 청소년에게 도움이 될까?

④현금을 사용할 때 불편한 점이 있을까?

⑤신용카드를 사용할 때 가장 신경 써야 할 점은 무엇일까?

⑥신용 카드 사용과 경제 교육은 어떤 관계가 있을까?

6. 초등학생은 스마트폰을 사용하면 안 된다.

대상 : 10세 이상 | 시간 : 15분 | 관심도 : ★★★★★ | 난이도 : ★★★★☆

아이들은 스마트폰을 절제하며 사용할 수 있을까? 전화와 카톡은 물론 SNS, 웹 서핑, 유튜브, 게임 등 재밌게 어플이 많고 딴 길로 샐 수 있는 가능성이 크다. 스마트폰을 사용을 하지 못하게 해야 할까? 사용 시간을 제한하거나 아이들의 스마트폰 사용 기록을 부모가 볼 수 있게 해야 할까? 자녀와 함께 해답을 찾아보면 좋겠다.

찬성 입장

①스마트폰을 절제하지 못하고 사용하게 된다면 공부에 방해가 된다.

②스마트폰으로 즐길 수 있는 것이 많아 절제하기가 힘들다.

③스마트폰을 오랜 시간 사용하면 건강을 해칠 수 있다.

반대 입장

①스마트폰으로 언제 어디서든 손쉽고 빠르게 검색할 수 있어 편리하다.

②친구들은 스마트폰으로 메시지, 음악, 이미지, 영상 등을 주고받는데 이것이 없다면 소통할 수 없어 소외감을 느낄 수 있다.

③스마트폰 사용 시간만 조절하면 된다.

질문

①스마트폰 사용 시간을 정해 놓는 것은 개인의 자유를 막는 걸까?

②스마트폰을 무제한으로 사용하면 생길 수 있는 문제는 무엇일까?

③어느 정도로 사용하는 게 적절할까?

④부모가 자녀의 스마트폰 앱 사용 내용과 시간을 알아야 할까?

⑤아이 스스로 스마트폰 사용을 조절할 수 있는 방법은 무엇일까?

7. 게임 중독은 질병이다.

대상 : 12세 이상 | 시간 : 10분 | 관심도 : ★★★★★ | 난이도 : ★★★★★

게임에 빠진 자녀를 볼 때면 부모는 중독이 걱정된다. 시간 약속을 정해놓지만 지켜지지 않을 때가 많다. 게임 중독은 질병으로 간주되기도 한다. 반면에 아이들은 게임을 하며 서로 소통하며 사회성을 키우기도 한다. 게임을 통해 평소 느끼지 못하는 성취감을 느낀다.

찬성 입장

①게임은 하면 할수록 계속하고 싶은 마음이 들기에 중독으로 빠질 위

험이 크다.

②레벨업을 하기 위해서 수단과 방법을 가리지 않아 문제가 된다.

③게임을 계속하면 뇌가 다양한 자극을 받지 못해 문제가 생길 수 있다.

반대 입장

①단지 게임을 오래한다고 중독이고, 질병이라고 규정짓는 건 편견이다. 공부를 계획된 시간 이상 하면 공부 중독일까?

②게임 세계도 내부적인 관계망이 있기 때문에 그 안에서 사회성을 키울 수 있다.

③게임 속에서 레벨을 업그레이드 하거나 아이템을 얻게 되면 성취감을 느낄 수 있다.

질문

①내가 가장 좋아하는 게임은?

②부모님들이 어릴 적에 해본 오락은?

③어느 정도까지를 게임 중독이라고 봐야 할까?

④게임 중독이 자신에게 끼치는 부정적인 영향은 무엇일까?

⑤다른 친구들보다 게임을 좀 더 하는 것을 게임 중독이라고 봐야 할까?

8. 반려동물을 꼭 키워야 한다.

대상 : 8세 이상 | 시간 : 5분 | 관심도 : ★★★★☆ | 난이도 : ★★☆☆☆

아이들이 반려동물을 키우고 싶다고 조를 때가 많다. 친구네 강아지가 너무 귀엽다며 만약 분양을 받는다면 자신이 잘 돌보겠다고 한다. 누구나 반려동물을 귀엽게 여길 수 있지만 책임감 있게 끝까지 함께하기는 쉽지 않다. 생명을 다룬다는 일은 책임이 따르는 법이다. 자녀가 반려동물을 키우자고 할 때 어떻게 이야기를 하면 좋을까?

찬성 입장

①강아지나 고양이를 기르면서 동물을 사랑하는 마음을 가질 수 있다.

②반려동물과 교감하면서 스트레스를 줄일 수 있다.

③반려동물을 돌보는 과정에서 책임감이 커진다.

반대 입장

①반려동물을 계속 데리고 다니지 않으면 방치하게 된다.

②생명을 다룬다는 것은 그만큼 책임이 따르는 법이다.

③어떤 반려동물을 기를지, 동물이 좋아하는 환경, 특성, 먹이, 위생관리, 건강관리, 주의사항 등을 먼저 알아보는 게 순서다.

질문

①반려동물은 왜 있어야 할까?

②반려동물을 키우는 사람이 갖춰야 할 마음가짐은?

③반려동물을 책임 있게 돌본다고 해 놓고 입양한 후 소홀히 하면 어떻게 해야 할까?

④반려동물을 무책임하게 버리는 사람들은 왜 나쁠까?

⑤반려동물을 입양할 때 가족 모두의 동의가 필요할까?

9. 밥 먹을 때 움직이면 안 된다.

대상 : 8세 이상 | 시간 : 5분 | 관심도 : ★★☆☆☆ | 난이도 : ★★☆☆☆

아이가 처음부터 끝까지 한자리에서 식사를 했으면 좋겠는데 움직이면서 먹는다. 자녀는 식사 자리에서 움직이는 것을 자신의 자유라고 주장한다. 밥 먹을 때 움직이는 태도는 스스로 선택해야 할 문제일까? 아니면 식사 예절을 지키지 않는 것일까?

찬성 입장

①함께 식사하는 자리에서 계속 왔다 갔다 하면 다른 가족들의 마음은 어떨까?

②한자리에서 식사하는 것은 지켜야 할 기본적인 식사 예절이다.

③움직이면서 먹으면 음식을 빠르게 먹거나 대충 씹어 먹게 되어 소화가 잘 안 될 수 있다.

반대 입장

①이동하면서 밥을 먹어야 하는 상황이 있을 수 있다.

②빵, 샌드위치, 김밥 등 이동하면서 간단히 먹을 수 있는 음식이 있다.

③밥을 먹을 때 움직이면서 먹게 되면 살이 빠진다.

질문

①식사 중간에 이동하면 어떤 문제가 있을까?

②식사할 때 처음부터 끝까지 한자리에서 먹는 것이 좋은 식사 습관일까?

③한자리에서 식사하지 못하고 자주 움직이는 아이를 어떻게 도울 수 있을까?

④식탁에서 일어서서 밥을 먹는 것은 왜 문제가 될까?

⑤한자리에 앉아 식사를 하면 어떤 점이 좋을까?

10. 책은 읽고 싶을 때 읽어야 한다.

대상 : 10세 이상 | 시간 : 10분 | 관심도 : ★★★★☆ | 난이도 : ★★★☆☆

어떻게 하면 아이가 스스로 책을 읽을까? 다양한 볼거리, 즐길 거리가 많기에 아이가 책을 읽기는 쉽지 않다. 그래도 부모는 아이에게 책을 읽히기 위해 노력하지만 아이는 책을 억지로 읽고 싶어하지 않는다. 아이는 스스로 읽고 싶을 때 책을 편다. 반면 부모는 의무적이라도 독서 시간을 줘서 자녀가 조금이라도 책을 읽게 하려고 한다. 아이가 스스로 책을 읽도록 그냥 기다려야 할까, 아니면 부모가 아이의 독서 습관을 위해 노력해야 할까?

찬성 입장

①부모님이 시켜서 책을 읽는 것은 의무감 때문이라 오히려 독서가 싫어진다.

②읽고 싶을 때 책을 만나야 독서하는 마음이 편해진다.

③주어진 시간을 스스로 자유롭게 활용할 수 있는 권리가 있다.

반대 입장

①책을 읽으라고 하지 않으면 책을 거의 읽지 않는다.

②독서 시간이 고정되어 있어야 독서 습관을 기를 수 있다.

③부모는 미성년 자녀를 책임지기 때문에 책을 읽으라고 권할 수 있다.

질문

①책과 친해지려면 어떻게 해야 할까?

②책은 꼭 읽어야 하는 걸까? 책을 한 권도 읽지 않고 어른이 된다면?

③책을 읽을 자유가 있다면 읽지 않을 자유도 있지 않을까?

④책을 날마다 의무적으로 읽으면 책을 좋아하게 될까?

⑤어른들은 왜 맨날 책을 읽으라고 할까?

⑥책을 읽지 말라고 하는 어른들도 있을까?

11. 아침은 반드시 먹어야 한다.

대상 : 10세 이상 | 시간 : 10분 | 관심도 : ★★★☆☆ | 난이도 : ★★☆☆☆

부모는 아이가 아침을 잘 챙겨 먹고 학교에 가길 바라지만 아이가 싫다고 할 때가 있다. 아침은 반드시 먹어야 할까? 아침을 먹어야 집중력이 좋아진다는 말이 있다. 반면 하루 세끼를 다 챙겨 먹지 못하더라도 건강에는 지장이 없다고 한다. 무엇을 먹는지가 중요하며, 자신의 신체 리듬에 맞게 굶을 수도 있다. 한창 성장기에 있는 아이들과 아침마다 식사 문제로 갈등에 놓이는 것도 부담이 된다.

찬성 입장

①아침밥을 챙겨 먹을 때가 그렇지 않을 때보다 집중력이 더 좋다.

②아침을 잘 먹어야 살이 찌지 않는다.

③아침을 먹으면 혈당과 콜레스테롤 수치가 안정되면서 몸이 건강해진다.

반대 입장

①집중력은 아침 식사 여부보다 공부하는 습관과 관련이 있다.

②살이 찌는 건 아침 식사가 원인이 아니라 과자, 밀가루 음식 등을 먹는 습관과 관계가 깊다.

③아침을 먹는 습관이 있다고 건강해지지 않는다. 적절한 운동과 충분한

수면, 건강한 음식이 건강에 중요한 영향을 미친다.

질문

①아침 식사는 왜 꼭 해야 할까?

②하루 세 번 먹는 식습관은 언제부터 생긴 걸까?

③모든 민족이 하루에 세 번 식사를 할까?

④하루에 한 끼만 먹고 살 수 있을까?

⑤내가 가장 좋아하는 아침 식사 메뉴는?

12. 가족 간에 고자질을 하면 안 된다.

대상 : 10세 이상 | 시간 : 10분 | 관심도 : ★★★☆☆ | 난이도 : ★★★☆☆

형제자매의 잘못을 드러내어 말하는 고자질은 나쁠 것일까? 잘못한 일에 대해 스스로 반성하면 좋겠지만, 그렇지 않을 때는 모른 체해야 할까, 아니면 잘못을 솔직하게 알려야 할까? 문제를 해결하려 하다가 잘못하면 형제자매 사이가 멀어질 수도 있다. 부모 입장에서는 이런 경우 어떻게 반응해야 할까?

찬성 입장

①형제자매 사이에 고자질을 하게 되면 관계가 안 좋아질 수 있다.

②아무 이유 없이 혼나게 하려고 잘못을 말할 수도 있다.

③서로의 문제는 스스로 풀게 내버려둬야 한다.

반대 입장

①잘못한 일을 숨기는 것보다 누군가 말을 하는 것이 낫다.

②더 큰 문제로 번지기 전에 부모님이 미리 알아야 중재할 수 있다.

③형제자매끼리 서로 풀지 못할 때가 있기 때문에 부모님은 문제를 알아야 한다.

질문

①무엇이 고자질이고, 고자질은 왜 나쁜 걸까?
②고자질을 긍정적인 관점으로 볼 수는 없을까?
③나쁜 말과 행동을 보고도 모른 체해도 괜찮은 걸까?
④고자질을 하는 진짜 속마음은 뭘까?

13. 체벌을 하면 안 된다.

대상 : 8세 이상 | 시간 : 10분 | 관심도 : ★★★★☆ | 난이도 : ★★☆☆☆

부모라는 이유로 체벌을 해도 될까? 체벌할 때 감정이 실리기도 한다. 자녀를 아프게 하고 싶은 부모는 없을 것이다. 그러나 사회에서 함께 살아가기 위해서는 질서가 필요하고 그 질서를 가르쳐주는 과정에서 체벌할 때가 있다.

찬성 입장

①체벌은 자녀의 자아 형성에 부정적인 영향을 준다.
②부모가 자녀를 체벌을 하는 것은 신체적인 폭력 행위다.
③부모의 기분에 따라 자녀를 체벌하는 경우가 있기에 아무런 교육적 효과가 없을 수 있다.

반대 입장

①체벌을 하면 바람직하지 못한 행동과 말을 바로 잡을 수 있다.
②체벌은 말로 하는 것보다 효과가 금방 나타난다.

③체벌은 약속과 질서를 유지하는 최선의 수단이다.

질문

①체벌은 무엇일까?

②체벌이 필요할 때가 있을까?

③체벌 말고 다른 방법으로 교육할 수 없을까?

④체벌이 아무리 필요하더라도 사용하면 안 되는 결정적인 이유는?

⑤엄마 아빠가 어릴 때 체벌을 받은 경험은?

14. 부모는 자식의 장래 희망을 결정할 수 있다.

대상 : 12세 이상 | 시간 : 10분 | 관심도 : ★★★★☆ | 난이도 : ★★★★★

자녀에게 부모가 바라는 직업을 제안할 때가 있다. 자녀 스스로 자신의 적성과 관심에 따라 진로를 선택해야 하는 것을 알지만 말처럼 쉽지 않다. 자녀가 진로를 고민하는 과정에서 부모는 어떤 역할을 해야 할까?

찬성 입장

①자식의 미래까지 책임지는 게 부모의 역할이다.

②부모가 자녀에게 바라는 건 당연하다.

③자녀에게만 맡기기에는 왠지 불안하다.

반대 입장

①부모님이 특정 직업과 대학을 제안할 수 있다.

②자신의 적성과 관심이 있을 수 있다.

③부모는 자녀의 선택을 신뢰할 수 있어야 한다.

질문

①나의 장래 희망은 뭐고, 장래 희망이 꼭 있어야 할까?

②부모가 장래 희망을 결정했을 때 생길 수 있는 문제는 무엇일까?

③부모가 자녀의 장래 희망에 대해 아무 말도 하지 않을 때 생길 수 있는 문제가 있을까?

④부모와 자녀가 장래 희망이라는 키워드를 놓고 어떻게 대화를 나누면 좋을까?

15. 잠은 집에서만 자야 한다.

대상 : 10세 이상 | 시간 : 10분 | 관심도 : ★★★☆☆ | 난이도 : ★★★☆☆

어린 자녀가 친구네 집에서 자도 되냐고 묻는다. 아이는 친구 부모님이 허락을 해주셨다며, 친구네 집에서 즐겁게 놀고 싶다고 한다. 아이가 친구 집에서 자는 것을 허락해주는 가정도 있고, 잠은 꼭 자기 집에서 자야 한다는 가정도 있다.

찬성 입장

①친구와 친해질 수 있는 다른 방법도 있다. 잠은 집에서 자도록 해야 한다.

②친구 집에 불편을 줄 수 있기 때문에 잠은 집에서 자야 한다.

③다른 집에서 잠을 잘 경우 평소 생활 습관과 패턴이 깨질 수 있다.

반대 입장

①친구네 집에서 자면 시간 걱정하지 않고 놀 수 있다.

②친구 집에서 자면 친구와 금세 가까워진다.

③친구와 밤늦게까지 놀다 보면 친구의 새로운 면을 알 수 있다.

질문

①친구 집에서 잠을 자는 게 왜 문제가 될까?

②친구 집에서 자면 어떤 점이 좋을까?

③친구 집에서 잠을 자는 게 엄마 아빠의 마음을 왜 불편하게 할까?

④친구 집에서 잠을 자고 싶은데 허락받지 못할 때 아이는 어떤 점에서 마음이 힘들까?

⑤친구 집에서 잠을 자야만 친구 관계가 좋아질까?

16. 집에서 TV를 없애야 한다.

대상 : 12세 이상 | 시간 : 10분 | 관심도 : ★★★★★ | 난이도 : ★★★★☆

TV는 가족들의 일상에 어떤 영향을 줄까? TV가 켜지는 순간 모든 시선은 화면에 고정된다. TV에는 드라마, 예능 등 볼거리가 가득하다. 가족들은 TV를 보면서 웃고 즐긴다. 그런데 TV가 없다면 이를 대신해 함께 하는 시간을 찾기도 한다. TV를 보며 가족이 즐거운 시간을 갖고 유익한 정보도 얻지만 가족이 모였을 때 TV가 아니면 함께 나눌 일상을 찾지 못하는 문제도 있다.

찬성 입장

①가정에서 TV를 보게 되면 가족 간의 대화 시간이 줄어든다.

②성적인 내용이나 폭력적인 내용 등 자녀가 나이에 맞지 않는 프로그램을 볼 수 있다.

③TV는 자연에서 볼 수 있는 정상적인 빛의 형태가 아니기에 시력 저하를 일으킬 수 있다.

반대 입장

①뉴스 등 다양한 프로그램에서 많은 정보와 지식을 얻는다.

②일상의 힘든 하루를 마치고 TV를 보며 마음 편히 쉴 수 있다.

③가족과 함께 TV를 시청하는 것만으로도 가족의 화합과 결속력을 다질 수 있다.

질문

①TV가 있으면 어떤 점이 문제일까?

②TV가 없으면 어떤 점이 불편할까?

③TV가 가족생활에 끼치는 긍정적인 면은?

④TV가 없으면 가족 일상에 끼치는 긍정적인 점은?

⑤TV를 엄마 아빠의 선택으로 없앨 수 있는 걸까, 가족 모두의 동의로 결정되어야 할까?

17. CCTV 설치를 확대해야 한다.

대상 : 12세 이상 | 시간 : 10분 | 관심도 : ★★★★☆ | 난이도 : ★★★★☆

CCTV 설치 확대를 놓고 논란이 있다. 찬성 입장에서는 범죄가 줄어든다고 주장하고, 반대 입장에서는 사생활을 침해할 소지가 있다고 한다. 개인의 허락 없이 화면이 유출되는 것은 또 다른 범죄 행위라고 주장한다. CCTV 설치를 확대해야 할까?

찬성 입장

①CCTV 설치를 확대하면 범죄 예방에 도움이 된다.

②CCTV는 일상을 안전하게 지켜준다.

③사생활 침해 우려가 있지만 사람들의 생명과 안전을 지키는 게 더 중요하다.

반대 입장

①CCTV 설치가 확대되면 사생활을 침해할 소지가 있다.

②CCTV 설치 확대는 우리들을 잠재적 범죄자로 만든다.

③CCTV는 사람이 수동으로 조작해야 하기에 사람이 보지 않는다면 실효성이 없다.

질문

①CCTV가 좋게 사용된 사례는?

②CCTV가 나쁘게 사용된 사례는?

③생활 주변에 설치된 CCTV를 바라보는 나의 마음은?

④CCTV가 없다면 어떤 문제가 생길까?

⑤우리 동네에 CCTV가 더 많이 설치되면 어떤 점이 달라질까?

18. 사면 제도를 폐지해야 한다.

대상 : 12세 이상 | 시간 : 10분 | 관심도 : ★★★☆☆ | 난이도 : ★★★★☆

대통령이 가지고 있는 권한으로 형을 마치기 전에 풀어주는 사면 제도에 자녀들의 관심이 크다. 자녀들은 "잘못을 했는데 왜 용서해 줘야 하냐?"라고 묻는다.

찬성 입장

①반성할 수 있는 시간을 충분히 줘야 하기 때문에 사면 제도를 폐지해야 한다.

②피해자가 보복에 대한 두려움을 가질 수 있기 때문에 사면 제도를 폐지해야 한다.

③대통령이 정치적으로 악용할 수 있으니 사면 제도를 폐지해야 한다.

반대 입장

①사면 제도로 억울하고 무고한 사람들을 구해줄 수 있다.

②충분히 반성한 사람이 있다면 사면 제도를 통해 새로운 삶을 살 수 있도록 기회를 줘야 한다.

③대통령이 사면 제도를 정치적으로 악용하지 못하도록 장치를 마련하고, 중범죄자에게는 엄격한 기준이 필요하다.

질문

①사면 제도란 무엇일까?

②사면 제도가 왜 필요할까?

③사면 제도로 인해 도움을 받은 사람이 있을까?

④사면 제도로 도움을 받았지만 또다시 나쁜 짓을 한 사람이 있을까?

⑤사면 제도가 아예 없다면 어떤 문제가 생길까?

19. 개고기를 먹으면 안 된다.

대상 : 10세 이상 | 시간 : 10분 | 관심도 : ★★★★☆ | 난이도 : ★★★☆☆

개는 인간과 친밀한 관계를 맺어왔고 인간과 감정을 교류할 수 있는 동물이기도 하다. 이를 근거로 개고기를 먹으면 안 된다는 주장이 있다. 반면 식용견과 반려견은 구분되어야 하고, 동물권 보호라면 생명이 있는 돼지나 소도 도축하면 안 되는 것이 아니냐고 한다.

찬성 입장

①개는 오랫동안 인간과 가장 친밀한 관계를 맺어온 가족 같은 동물이기 때문에 개고기를 먹으면 안 된다.

②개는 인간과 감정을 교류할 수 있는 유일한 동물이다.

③개고기 먹는 문화를 혐오하는 나라들이 많다. 개고기 문화를 전통으로 고집하기보다는 시대 흐름과 정서에 반하지 않게 바꾸어야 한다.

반대 입장

①가족 같은 반려견과 식용견은 구분해야 한다.

②똑같은 생명이고, 감정이 있는 돼지나, 소도 먹지 말아야 할까?

③개고기 문화는 우리 조상 때부터 내려온 우리나라의 전통문화다.

질문

①개고기를 식용으로 드셨던 어른들을 어떻게 바라봐야 할까?

②개 식용 문화가 왜 달라져야 할까?

③개를 반려동물로 여기는 시대에 개 식용 문화는 계속 유지되어야 할까?

④개 식용 문화를 바꾸기 위한 노력에는 무엇이 있을까?

⑤개고기를 먹겠다는 개인적인 자유를 제한할 수 있을까?

20. 사탕이나 과자는 부모 허락 없이 자유롭게 먹어도 된다.

대상 : 10세 이상 | 시간 : 10분 | 관심도 : ★★★★☆ | 난이도 : ★★★★☆

아이들은 당류 음료나 과자를 많이 먹는다. 이러한 당류 음료나 과자는 비만의 원인이 되기도 한다. 먹고 싶어 하는 자녀에게 무조건 먹지 말라고 하는 것도 마음이 좋지 않다.

찬성 입장

①사탕이나 과자를 먹는 건 자녀의 자유다.

②사탕이나 과자를 먹게 되면 스트레스가 풀린다.

③사탕이나 과자는 주식인 밥과 달리 색다른 맛을 준다.

반대 입장

①자녀는 아직 어려 절제하기 힘들기 때문에 사탕이나 과자를 먹는 것 또한 부모의 허락이 필요하다.

②사탕이나 과자를 많이 먹게 되면 건강에 좋지 않다.

③사탕이나 과자를 많이 먹게 되면 엄마 아빠가 정성껏 차려준 밥을 잘 먹지 않는다.

질문

①사탕이나 과자 같이 달콤한 것을 왜 엄마 아빠들은 못 먹게 할까?

②과자와 사탕을 간섭 없이 마음껏 먹었을 때 생기는 문제가 있을까?

③아이의 건강이 걱정되어 음식을 제한하는 건 부모의 권리가 아닐까?

④아이에게 과자를 못 먹게 하는 것은 아이의 자유를 막는 걸까?

⑤과자나 사탕을 먹을 때 얻는 긍정적인 점은 무엇일까?

21. 우리 사회는 남녀 불평등이 존재한다.

대상 : 10세 이상 | 시간 : 10분 | 관심도 : ★★☆☆☆ | 난이도 : ★★★★☆

여자는 우리 사회가 너무 남성 위주로 돌아간다고 한다. 반대로 남자는 우리 사회가 여자들만 위해 주는 것 같다고 한다. 사실 우리의 역사를 보면 여성에게 불리했던 적이 많다. 하지만 남자든 여자든 차별받으면 안 된다. 조심스러운 주제이지만 자녀들이 관심이 많은 주제인 만큼 건강한 남성다움과 여성다움에 관해 이야기 나눠보면 좋겠다.

찬성 입장

①학교에서 남자들이 무거운 짐을 운반하는 등 불평등한 사례가 많다.

②우리 사회는 여성이 약자라고 보는 시선이 많다.

③우리 사회는 남성을 강하다고 보는 시선이 많다.

반대 입장

①우리 사회 안에서 남성과 여성은 신체적 차이만 있을 뿐 불평등은 존재하지 않는다.

②우리 사회 제도를 보면 남성과 여성에게 각각 다른 혜택이 존재한다.

③우리 사회의 역사적 배경을 보면 남성위주사회에서 점차 양성평등사회로 가고 있다.

질문

①남녀가 불평등하다는 말은 뭘까?

②집이나 학교에서 남자나 여자라는 이유만으로 차별을 받은 경험은?

③역사적으로 남녀 불평등이 가장 심했던 때는?

④왜 남자와 여자를 차별하게 될까?

⑤요즘 시대에도 왜 남녀 불평등이 계속 이어질까?

22. 단독 주택이 아파트보다 살기에 더 좋다.

대상 : 8세 이상 | 시간 : 10분 | 관심도 : ★★★☆☆ | 난이도 : ★★☆☆☆

아파트와 단독 주택 중에서 어느 곳을 선택할까? 두 주거 형태는 각각 장단점이 있다. 공간이 주는 편안함은 사람마다 다르게 느껴진다. 생활의 편리성을 우선하기도 하고, 여백이 있는 공간을 찾기도 한다. 우리 가족에게 맞는 주거 형태는 무엇일까?

찬성 입장

①단독 주택은 자신만의 공간을 꾸밀 수 있다.

②단독 주택은 아이들이 아무리 뛰어도 이웃에게 피해를 주지 않는다.

③단독 주택은 주차 문제가 없다.

반대 입장

①아파트는 관리사무소가 있어 공동으로 사용하는 곳을 대신 관리해준다.

②아파트 주변 단지에는 편의 시설이 많다.

③아파트는 경비실이 있어 철저한 보안이 이뤄진다.

질문

①단독 주택에는 있지만 아파트에 없는 것은?

②아파트에는 있지만 단독 주택에는 없는 것은?

③아파트에 살면서 불편했던 점은?

④단독 주택에 살면서 힘들었던 점은?

⑤둘 중에 하나를 고르라면 어떤 것을 선택할까?

23. 힙합 장르 음악을 들어도 된다.

대상 : 10세 이상 | 시간 : 10분 | 관심도 : ★★★★★ | 난이도 : ★★★☆☆

아이가 언제부터인가 힙합 장르 음악을 듣기 시작한다. 힙합 장르의 음악 가사를 보면 선정적이거나 폭력적인 경우도 있다. 아이는 힙합을 들으며 스트레스를 푼다고 한다. 힙합을 좋아하는 어른들도 많다. 우리 아이들이 힙합 장르의 음악을 들으면 안 되는 걸까?

찬성 입장

①힙합 장르의 음악을 들으면 기분이 나아진다.

②힙합 장르의 음악을 들으면 위로를 받는다.

③힙합 장르의 음악을 들으면 스트레스가 풀린다.

반대 입장

①힙합 장르의 음악에는 욕설이 많다.

②힙합 장르의 음악의 내용은 선정적이다.

③힙합 장르의 음악의 내용은 자극적이다.

질문

①힙합 노래 가사에 담긴 내용이 나에게 도움이 될까?

②힙합 노래는 노래일 뿐, 너무 심각하게 걱정하는 건 아닐까?

③힙합 노래가 아이들에게 주는 긍정적인 점이 무엇일까?

④힙합 노래를 계속 들으면 어떤 점에서 문제가 생길까?

⑤내가 자주 듣거나 즐겨 부르는 노래 가사를 자세히 생각해본다면?

24. 사형 제도를 폐지해야 한다.

대상 : 10세 이상 | 시간 : 10분 | 관심도 : ★★★★☆ | 난이도 : ★★★★☆

피해자의 생명과 인권을 앗아간 흉악범에게 사형 집행 선고를 내리지 않고, 10년 이상 사형을 집행하지 않은 우리나라는 실질적 사형 폐지국이다. 왜 사형을 집행하지 않을까? 사형은 국가에 의한 또 다른 살인이라고 보는 찬성 입장과, 다른 사람의 생명을 빼앗고 자신의 생명을 보장받는 건 말이 안 된다는 반대 입장이 있다.

찬성 입장

①사형은 국가에 의한 또 다른 살인이 될 뿐이다.

②법원이 잘못 판단했을 가능성이 있기 때문에 사형 제도를 폐지해야 한다.

③사형제도는 범죄자의 개선 가능성을 포기하는 것이다.

반대 입장

①억울하게 당한 피해자의 인권을 생각하면 사형 제도의 폐지는 안 된다.

②흉악범죄를 예방할 수 있기 때문에 사형 제도를 폐지하면 안 된다.

③다른 사람의 생명을 빼앗고 자신의 생명을 보장받는 건 사회적 정의 실현에 맞지 않는다.

질문

①사형 제도가 우리나라에 있을까?

②실제로 사형이 집행되고 있는 나라들이 있을까?

③사형 집행이 이루어지지 않는 이유는?

④사형 제도는 어떤 점에서 문제가 있는 걸까?

⑤인간으로서 할 수 없는 끔찍한 범죄를 저지른 사람은 어떻게 봐야 할까?

25. 통일은 꼭 해야 한다.

대상 : 10세 이상 | 시간 : 10분 | 관심도 : ★★★☆☆ | 난이도 : ★★★☆☆

대한민국 헌법 제4조에는 '대한민국은 통일을 지향하며, 자유 민주적 기본 질서에 입각한 평화적 통일 정책을 수립하고 이를 추진한다.'고 나와 있다. 통일은 온 국민의 염원이다. 하지만 아이들은 '통일을 꼭 해야 할까?'라고 묻는다. 통일은 왜 해야 할까? 평화적인 통일의 방법은 무엇일까? 통일이 되면 무엇을 하고 싶을까?

찬성 입장

①우리는 원래 같은 민족이다.

②통일이 되면 육지와 해상이 연결된 물류 중심 국가로 거듭날 수 있다.

③서로 만나지 못한 이산가족들의 상봉이 이뤄질 수 있다.

반대 입장

①남한과 북한 간 이념적 차이가 크다.

②남한과 북한 간 경제적 차이가 크다.

③통일에 대한 막연한 기대보다 협력과 교류가 우선되어야 한다.

질문

①내가 생각하는 통일이란?

②통일이 이루어지면 꼭 하고 싶은 일은?

③중국, 일본, 미국 같은 주변 강대국들은 남한과 북한의 통일을 바랄까?

④통일을 대비해 무엇을 준비할 수 있을까?

⑤통일 없이 남한과 북한이 평화를 유지하면서 살 수 있을까?

26. 초등학생은 연예계로 진출하면 안 된다.

대상 : 10세 이상 | 시간 : 10분 | 관심도 : ★★★★☆ | 난이도 : ★★★☆☆

초등학생이 연예계로 진출하게 되면 규칙적으로 생활하고 습관을 잡아가야 할 나이에 생활 패턴이 깨질 수 있다는 지적과 개인 방송에 익숙한 자녀 세대에게 기회가 될 수 있다는 주장도 있다.

찬성 입장

①초등학생이 연예계로 진출하게 된다면 학업에 소홀하게 될 것이다.

②어린 초등학생이 연예계로 진출해서 악플을 많이 받을 경우 심리적 충격을 받게 된다.

③규칙적인 생활이 필요한 초등 학교시절에 패턴이 깨질 수 있다.

반대 입장

①초등학생이 연예계로 진출하면 프로그램을 더 풍성하게 해줄 수 있다.

②초등학생 시절부터 충분한 연습과 훈련을 할 수 있는 기회가 된다.

③개인 방송에 익숙한 초등 자녀에게 꿈을 이룰 기회가 될 수 있다.

질문

①만약 연예인이 된다면 가수, 연기자, 개그맨 중 어느 분야가 좋을까?

②자신의 꿈을 위해 초등학생 때 일찍 사회로 나가는 것이 왜 문제가 될까?

③꿈을 위해 도전하는 것보다 친구들과 평범하게 초등학교 생활을 하는 것이 중요할까?

④너무 일찍 연예계에 진출했다가 좋지 않은 경험을 한 사례가 있을까?

⑤연예계에 남들보다 일찍 진출해 올바르게 성장한 사례가 있을까?

27. 동물원을 없애야 한다.

대상 : 8세 이상 | 시간 : 10분 | 관심도 : ★★★★☆ | 난이도 : ★★☆☆☆

자녀들은 동물원을 참 좋아한다. 한곳에서 보기 힘든 여러 동물들을 볼 수 있기 때문이다. 하지만 이전에 살던 넓은 곳이 아닌 작은 생활환경에서 살게 되는 동물들은 힘들지 않을까?

찬성 입장

①동물원에서 동물을 사육하는 것은 동물을 존중하지 않는 태도이다.

②열악한 사육환경으로 동물들이 고통받을 수 있다.

③넓은 자연에 살던 동물들은 좁은 동물원이 감옥처럼 느껴질 것이다.

반대 입장

①환경이 파괴되어 갈 곳이 없는 동물을 동물원에서 보호할 수 있다.

②멸종위기 동물을 보존할 수 있다.

③동물원은 동물에 대한 관심과 애정을 키워줄 수 있는 교육의 장이 된다.

질문

①동물원이 우리 사회에서 필요한 이유는 무엇일까?

②동물원에 가서 즐거웠던 경험은?

③동물원 우리에 갇혀 있는 동물들을 보면서 마음이 불편했던 경험은?

④동물원이 사라져야 하는 결정적인 이유가 있다면?

⑤동물원은 동물들이 행복하게 살기에 괜찮은 곳일까?

28. 동물 실험을 허용해야 한다.

대상 : 10세 이상 | 시간 : 10분 | 관심도 : ★★★☆☆ | 난이도 : ★★★☆☆

연간 150만 마리가 실험동물로 사용되고 있다고 한다. 아무리 인간들을 위한 것이지만 그래도 생명을 희생시키는 게 과연 옳은 일일까? 동물 실험은 인간의 생명을 살리기 위해 불가피한 일일까?

찬성 입장

①동물 실험으로 많은 질병을 고칠 수 있는 치료법을 개발할 수 있다.

②꼭 필요한 만큼 동물 실험을 한다면 윤리적으로 문제될 게 없다.

③동물 실험은 연구에 큰 도움이 되며 현재로서는 대체할 수 없다.

반대 입장

①동물 실험은 인간의 이익만 생각하는 비윤리적인 살상이다.

②화장품 개발에도 필수적이지 않는 동물실험을 시행하고 있다.

③동물 실험의 경우 동물과 사람이 다르기 때문에 안전을 맹목적으로 신뢰할 수 없다.

질문

①어떤 동물들이 실험 대상이 되고 있을까?

②요즘 동물 실험을 하는 곳은?

③동물 실험은 왜 문제가 될까?

④동물 실험 없이 새로운 약을 개발하게 된다면, 효과가 있는지 부작용이 생기는지 어떻게 알 수 있을까?

⑤동물 실험이 금지된 나라가 있을까?

⑥동물 실험을 금지되면 어떤 점에서 문제가 될까?

29. 전통 시장보다 마트가 더 좋다.

대상 : 10세 이상 | 시간 : 10분 | 관심도 : ★★★☆☆ | 난이도 : ★★★★☆

전통 시장의 경우는 보존해야 할 특별한 가치와 전통이 살아 있다. 반면 마트는 편리함과 접근성이 있다. 하지만 마트가 더 좋다는 입장에서는 훨씬 깔끔하고 편리하기 때문에 자주 가게 된다고 한다. 반면 전통 시장이 더 좋다는 입장에서는 전통 시장에 가게 되면 시장 상인분들의 정과 멋이 있어 좋다고 한다.

찬성 입장

①전통 시장보다 마트가 훨씬 깔끔하고 편리하다.

②전통 시장보다 마트가 접근성이 좋다.

③마트에는 생활에 필요한 상품들이 많이 있다.

반대 입장

①전통 시장에는 특별한 가치와 전통이 살아 있다.

②전통 시장에 가면 지역의 분위기와 문화를 느낄 수 있다.

③대형 마트보다 저렴한 물건도 많다. 잘하면 사장님의 인심도 듬뿍 받아 갈 수 있다.

질문

①전통 시장과 마트가 가지는 장점은?

②전통 시장과 마트 중에서 서로 볼수 없는 특징은?

③내가 주로 이용하는 곳은?

④전통 시장을 살리기 위해 마트 운영을 월 1회 정도 제한할 수 있을까?

30. 초등학생도 자유롭게 중고 거래를 할 수 있다.

대상 : 12세 이상 | 시간 : 15분 | 관심도 : ★★★★☆ | 난이도 : ★★★★☆

당근마켓과 같은 중고 거래 플랫폼을 이용하는 초등학생들이 많아졌다. 경제 교육의 장이 될 수도 있고 용돈을 벌 수 있는 수단이 되기도 하지만, 대면 거래인만큼 범죄에 악용될 우려도 있다. 법적으로 부모님의 동의가 없는 거래는 무효라는 사실을 모르고 거래했다가 분쟁에 휘말리는 경우도 종종 있다. 초등학생들이 자유롭게 중고 거래를 할 수 있도록 허용해줘야 할까?

찬성 입장

①초등학생의 자유로운 중고 거래는 살아 있는 경제 교육의 장이 될 수 있다.

②자유로운 중고 거래를 하면서 용돈을 벌 수 있다.

③중고 거래를 통해 자기가 필요한 물건을 저렴하게 구입할 수 있다.

반대 입장

①초등학생이 자유롭게 중고 거래를 하는 과정에서 범죄에 악용될 수 있다.

②법적으로 부모님의 동의가 없는 중고 거래는 무효다.

③초등학생이 많이 거래하는 당근마켓은 성인인증이 없어 불안하다.

질문

①자신의 물건을 자유롭게 사고팔 권리를 가지면 어떤 점이 좋을까?

②낯선 사람과 중고 물건을 거래하는 과정에서 생길 수 있는 문제는 없을까?

③중고 거래 활동이 자녀의 경제 교육에 긍정적인 기여를 할까?

④초등학생도 안전하게 중고 거래 앱을 활용하는 방법은 없을까?

⑤집안 물건을 부모 허락 없이 사고파는 문제는 어떻게 막을까?

31. 결혼은 꼭 해야 한다.

대상 : 12세 이상 | 시간 : 10분 | 관심도 : ★★★★★ | 난이도 : ★★★☆☆

요즘 청소년들은 결혼을 꼭 해야 하는지 묻는다. 그 물음 뒤에는 결혼을 하면 고생한다는 생각이 깔린 듯하다. 사랑해서 연애하고, 결혼해서 사랑하는 사람과 한평생 사는 것까지는 좋다고 한다. 그런데 자녀를 낳고 키우다 보면 자신이 하고 싶은 일을 그만둬야 할 때가 있어 부담이라고 한다.

찬성 입장

①결혼을 하면 부부가 서로 정신적으로 의지할 수 있다.

②결혼을 하면 사랑하는 사람을 매일 볼 수 있고, 같이 있을 수 있다.

③결혼을 하면 함께하는 사람이 늘 있어서 외롭지 않다.

반대 입장

①결혼을 하면 자기가 원하는 삶을 살 수 없다.

②결혼을 하고 자녀를 출산하게 되면 육아의 부담이 크다.

③결혼을 하고 부양하는 가족들이 많아지면 경제적으로 부담이 크다.

질문

①내가 생각하는 '결혼'이란?

②결혼을 하면 어떤 점이 좋은지 부모님은 어떻게 생각할까?

③결혼하지 않으면 어떤 문제가 생길까?

④결혼하지 않고 혼자 사는 건 안 좋은 것일까?

⑤내가 꿈꾸는 결혼은?

32. 먼저 놀리거나 시비를 건 친구를 때려도 된다.

대상 : 8세 이상 | 시간 : 15분 | 관심도 : ★★☆☆☆ | 난이도 : ★★★★★

친구가 시비를 걸기도 하고 놀리기도 한다. 이럴 때 놀림을 받은 친구가 감정이 격해서 친구를 때리기도 한다. 친구가 먼저 원인을 제공했기에 친구를 때렸다는데, 이런 상황에서 건강한 해결책은?

찬성 입장

①친구가 먼저 원인을 제공했기 때문에 먼저 놀리거나 시비를 건 친구를 때리는 건 정당하다.

②먼저 놀리거나 시비를 건 친구를 때려야 다음부터 그렇게 하지 않는다.

③먼저 놀리거나 시비를 건 친구에게 당하고 가만히 있으면 나중에 더 큰 희생을 치를 수 있다.

반대 입장

①먼저 놀리거나 시비를 건 친구를 때리면 또 다른 폭력이 생길 수 있다.

②상대방에 대한 복수일 뿐 올바른 해결책이 아니다.

③먼저 놀리거나 시비를 건 친구를 때리게 되면 어느 한쪽의 희생이 커질 수 있다.

질문

①친구가 먼저 원인을 제공했으니 때리는 건 어쩔 수 없는 걸까?

②아무리 친구가 말로 놀려도 주먹을 사용하는 건 절대로 안 되는 것일까?
③친구가 놀려서 속상하고 화가 날 때 어떻게 해야 할까?
④친구가 먼저 때렸을 때는 어떻게 해야 할까?
⑤몇 번이나 하지 말라고 경고했는데도 계속할 때는 때려도 괜찮을까?

33. 돈이 없어도 행복할 수 있다.

대상 : 8세 이상 | 시간 : 10분 | 관심도 : ★★★★☆ | 난이도 : ★★★☆☆

행복이란 삶에서 느끼는 만족감이나 기쁨을 말한다. 이러한 행복을 누리기 위해서는 어떠한 기준이 충족되어야 할까? 돈만 있으면 행복할까?

찬성 입장

①행복의 기준은 돈만 있는 게 아니다. 돈이 없어도 행복하게 사는 나라와 사람들이 있다.
②내가 하는 일에 만족을 느껴야 행복이지 돈이 있어서 행복한 게 아니다.
③돈이 많아서 행복한 게 아니라 사랑하는 가족이 내 옆에 있어서 행복한 거다.

반대 입장

①돈이 있어야 삶의 질을 높여 만족감을 높일 수 있다.
②돈이 있어야 결혼도 하고 가정을 이룰 수 있다.
③돈이 있어서 불편한 것들이 많이 해결된다.

질문

①나에게 돈이란?

②돈이 있어서 행복했거나 돈이 없어서 힘들었던 경험은?

③아무리 돈이 많아도 살 수 없는 것이 있을까?

④돈이 없어도 행복하게 사는 사람들이 있을까?

34. 경쟁은 필요하다.

대상 : 10세 이상 | 시간 : 15분 | 관심도 : ★★★★★ | 난이도 : ★★★★☆

우리는 경쟁 사회 속에서 살고 있다. 경쟁의 긍정적인 면을 보면 최선을 다할 수 있도록 동기를 부여한다는 점이다. 반대로 부정적인 면은 어린 나이부터 경쟁에 내몰리면서 경쟁에서 이겨야만 한다는 부담감을 늘 가지고 살아야 한다는 점이다. 어떻게 살아가야 하고, 함께 하는 즐거움이 무엇인지 우리 자녀들이 먼저 알았으면 좋겠다.

찬성 입장

①경쟁은 서로에 대한 긍정적인 자극을 줘 최선을 다하도록 동기를 부여한다.

②경쟁하게 되면 더 잘하기 위해 노력하게 되고 결과적으로 사회가 더욱 발전하고 성장하게 된다.

③선의의 경쟁을 하면서 경쟁자로부터 배우기도 하기에 경쟁은 필요하다.

반대 입장

①한 사람의 성공을 위해 다른 사람은 실패해야 한다. 즉, 낙오자가 발생하기 때문에 경쟁은 필요 없다.

②경쟁을 할 경우 친구에게 적대감이 생긴다.

③경쟁은 불평등을 정당화시킨다.

질문

①경쟁 때문에 힘들었던 경험은?
②스포츠 경기에서 경쟁이 없다면 어떻게 될까?
③경쟁에서 이겨 본 경험은?
④경쟁을 할 때 가장 중요한 마음가짐은?
⑤수단과 방법을 가리지 않고 경쟁을 하는 것에 대해 어떻게 생각하나?

35. AI 교육을 도입해야 한다.

대상 : 10세 이상 | 시간 : 10분 | 관심도 : ★★★★★ | 난이도 : ★★★☆☆

인공지능(AI)는 인간처럼 사고하고 행동하는 컴퓨터를 말한다. 이러한 AI 교육을 2024년 초등학교, 2025년 중고교에 적용할 교육과정 개정을 위해 국민 의견 수렴 등 공론화를 시작했다. AI 도입이 우리에게 위협이 될 것인지 아니면 기회가 될 것인지에 대해서는 논란이 있다.

찬성 입장

①AI 교육은 새로운 미래 사회에 대응할 수 있도록 시기가 빠를수록 좋다.
②AI 교육은 4차 산업혁명으로 인해 급격하게 변화되는 교육 환경에 대응할 수 있게 해준다.
③AI 교육의 도입으로 인간은 더 행복해질 것이다.

반대 입장

①AI 교육을 맡을 준비가 된 교사가 없다.
②AI 교육으로 대체할 수 없는 인격, 감정 등을 다루는 인성 교육을 소홀

히 할 수 있다.

③AI 교육을 빠르게 도입하는 것보다 무엇을 가르칠 것인가에 대한 고민과 준비, 사회적 합의가 먼저 필요하다.

질문

①AI 교육이란?

②AI 교육을 받아본 경험은?

③AI가 선생님이 되었을 때 걱정이 되는 점은?

④AI가 선생님들을 대신할 수 있을까?

⑤학교 교육에서 AI가 필요한 곳은?

36. 부자는 세금을 더 내야 한다.

대상 : 10세 이상 | 시간 : 10분 | 관심도 : ★★☆☆☆ | 난이도 : ★★★★☆

소득이 많은 사람에게 더 많은 세금을 부과하는 게 옳을까? 모든 사람은 법 앞에 평등해야 하는데 돈을 많이 번다는 이유로 세금을 더 내야 한다면 이 또한 차별이지 않을까?

찬성 입장

①부자가 세금을 더 내게 되면 빈부격차 문제를 해결할 수 있다.

②부자가 더 내는 세금으로 도움이 필요한 사람을 도울 수 있다.

③부자들은 모아 놓은 돈으로 살 수 있지만, 형편이 어려운 사람들은 그렇지 못하기 때문에 부자가 세금을 더 내도 괜찮다.

반대 입장

①부자가 세금을 더 내는 건 형평성에 어긋난다.

②부자와 가난한 사람을 구분하는 게 어렵다. 즉, 정확한 추정이 어렵다.

③부자가 세금을 더 내야 한다면 사람들은 열심히 일하고 싶은 마음이 사라질 것이다.

질문

①부자의 기준은?

②세금이란?

③부자가 세금을 많이 내는 나라는?

④우리나라는 부자들에게 어떻게 세금을 부여하고 있을까?

⑤우리 집은 세금을 어떻게 내고 있을까?

37. 범죄를 저질렀을 때 청소년도 어른처럼 처벌받아야 한다.

대상 : 12세 이상 | 시간 : 15분 | 관심도 : ★★★★☆ | 난이도 : ★★★★★

법을 어기고 범죄를 저지른 10세 이상 14세 미만의 청소년들을 촉법소년이라고 한다. 문제는 흉악한 범죄를 저질렀어도 촉법소년이라는 이유로 어른처럼 벌을 받지 않고 보호 처분만 받는 데 있다. 좋은 취지로 만든 제도를 악용하는 사례가 많기 때문에 나이가 어려도 어른처럼 똑같이 처벌을 받아야 한다는 입장과 아직 어린 청소년들이 어른과 동일한 처벌을 받는 게 옳지 않다는 입장이 있다.

찬성 입장

①청소년도 범죄를 저질렀다면 어른과 똑같은 사람이기 때문에 어른처럼 처벌을 받아야 한다.

②좋은 취지로 만든 법을 청소년들이 악용하는 사례가 많다.

③청소년 재범률이 높기 때문에 청소년도 어른처럼 처벌을 받아야 한다.

반대 입장

①"이에는 이로, 눈에는 눈으로 보복하는 것 보다 피해자 가족에게 사죄하고, 자신의 잘못을 반성하게 하고, 사회봉사 등 다른 방식으로 책임을 지게 하는 게 더 좋다."

②청소년은 아직 미성숙하다. 변화 가능성이 크기 때문에 보호와 훈육에 중점을 둬야 한다.

③청소년들에게는 처벌보다는 예방이 가장 좋은 방법이다.

질문

①범죄를 저지른 청소년에 관한 뉴스를 들어본 적 있을까?

②왜 청소년이 범죄를 저지르는 일들이 많아지고 있을까?

③어떻게 하면 청소년의 범죄율을 낮출 수 있을까?

④처벌을 강하게 하면 범죄율을 낮출 수 있지 않을까?

⑤청소년 범죄에 대한 처벌 기준이 낮은 것을 나쁘게 이용하는 사례가 있을까?

38. 수학 교과는 선택으로 바뀌어야 한다.

대상 : 12세 이상 | 시간 : 10분 | 관심도 : ★★★★★ | 난이도 : ★★★★☆

'수포자'라는 말이 있다. 수학을 포기한 사람을 말한다. 수학 교과가 일상에서 필요한 건 알겠지만 문제가 어려워 포기하게 된다고 한다. 수학을 포기했다고 자신의 꿈과 목표를 포기한 것은 아니다. 수학이 필요 없는 사람은 그 시간에 자신의 꿈을 이룰 수 있도록 하면 어떨까?

찬성 입장

①우리나라 수학은 너무 어렵다.

②수학 교과서에서 사칙연산 정도만 배워도 된다.

③수학을 포기했다고 꿈을 포기한 건 아니다.

반대 입장

①일상의 모든 원리가 수학에서 비롯된다.

②논리의 구성 또한 수학적 사고에서 비롯된다.

③수학 공부를 통해 문제해결력을 키울 수 있다.

질문

①나에게 수학이란?

②수학이 어렵다면 그 이유는?

③수학이 재밌다면 그 이유는?

④수학을 행복하게 배울 수 있는 방법이 있을까?

⑤학교에서 수학 공부가 사라진다면 정말 행복할까?

39. 국영수 사교육을 없애야 한다.

대상 : 12세 이상 | 시간 : 10분 | 관심도 : ★★★★☆ | 난이도 : ★★★★☆

국영수 사교육의 장점과 단점이 있다. 장점은 자신의 부족한 교과를 채울 수 있다는 점이다. 단점은 선행학습으로 인해 학교 수업을 소홀히 할 수 있다는 점이다. 이렇게 사교육 문제는 오래전부터 논란이 되고 있다.

찬성 입장

①국영수 과목을 사교육에 의존하게 되면서 학교 선생님의 말씀을 듣지 않는 등 학교 수업을 소홀히 할 수 있다.

②사교육을 받은 친구와 아닌 친구와의 격차가 발생해 상대적으로 박탈감을 느낄 수 있다.

③사교육보다 자율적 학습 태도가 오히려 공부를 더 잘하게 한다.

반대 입장

①학원에서 배운 내용을 학교에서 배우게 되면 이해하기도 쉽고 수업시간에 집중을 잘할 수 있다.

②국영수 사교육을 통해 부족하거나 못 따라가는 교과 공부를 채울 수 있다.

③의지가 약해서 혼자 공부하지 못하고 절박하게 누군가의 도움이 필요한 사람도 있기 때문에 사교육이 필요하다.

질문

①국영수 사교육을 받고서 도움이 된 경험은?

②억지로 학원에 다녔던 경험이 있을까?

③사교육을 받지 않는다면 혼자만의 시간을 어떻게 보낼 것인가?

④사교육을 받으면서 힘들었던 경험은?

⑤사교육 없는 세상은 어떻게 하면 만들 수 있을까?

40. 화가 나면 화를 내도 된다.

대상 : 10세 이상 | 시간 : 15분 | 관심도 : ★★★★☆ | 난이도 : ★★★★☆

우리는 다양한 감정을 느끼며 살아가고 있다. 이러한 감정을 표현하지 않고 사는 게 좋을까? 아니면 속 시원하게 드러내는 게 좋을까? 자녀와 함께 대화를 나눠보자.

찬성 입장

①화를 내는 건 정직한 자기표현이다.

②우리 사회를 향한 정의로운 분노가 있다. 그래서 화를 내야 할 때는 내야 한다.

③감정이란 건 눌러두는 게 아니라 충분히 표현해야 한다.

반대 입장

①친구 때문에 화가 났을 때 그 순간을 참고 지나가면 친구와의 관계가 편해진다.

②자신의 화가 친구에게 옮겨갈 수 있다.

③자신의 화를 잘 조절할 줄 아는 사람이 사회에 잘 적응한다.

질문

①화는 나쁜 감정일까?

②화를 억지로 참으면 어떻게 될까?

③화가 났을 때 어떻게 하면 잘 다스릴 수 있을까?

④친구가 화가 났을 때 지혜롭게 도와주거나 해결한 경험은?

⑤나는 주로 어떤 때 화를 낼까?

41. 옷차림, 헤어스타일, 네일아트 등 자녀의 패션을 자유롭게 허용해야 한다.

대상 : 10세 이상 | 시간 : 10분 | 관심도 : ★★★★★ | 난이도 : ★★★☆☆

자녀들은 커갈수록 자신의 옷차림과 헤어스타일 등에 있어서 개인적인 취향을 존중받고 싶어 한다. 하지만 자신의 아름다움과 매력을 표현하는 게 아니라 미디어의 영향으로 다른 사람의 아름다움과 매력을 따라 하고 있어 문제다.

찬성 입장

①자기가 가지고 있는 매력을 표현하는 수단이다.

②개인적인 취향을 존중해야 한다.

③예뻐 보이고 싶고, 멋있어 보이고 싶은 건 인간의 기본적인 욕구다.

반대 입장

①면학 분위기를 해칠 수 있다.

②외모지상주의에 빠지기 쉽다.

③다른 사람의 아름다움과 매력을 단순히 따라 한다.

질문

①나는 옷차림, 헤어스타일, 네일아트를 자유롭게 할 수 있을까?

②만약 그렇지 못하다면 부모님은 왜 자유를 주지 않을까?

③부모님이 자유를 허용했다면 그 이유는 무엇일까?

④성인이 되기 전에 선택의 자유를 주어도 괜찮을까?

⑤각 가정마다 허용되는 기준이 다른 것은 자연스러운 걸까?

42. 성형 수술을 해서라도 예뻐져야 한다.

대상 : 10세 이상 | 시간 : 10분 | 관심도 : ★★★★★ | 난이도 : ★★★★☆

자녀들은 커가면서 자신의 외모에 큰 관심을 갖는다. 남자든 여자든 공통된 관심사다. 찬성 입장에서는 외모가 좋아야 취업도 잘되고, 결혼도 잘할 것 같으니 성형 수술을 해서라도 예뻐져야 한다고 한다. 하지만 외모도 능력이라고 쳤을 때 성형 수술을 해서라도 예뻐지는 것이 진짜 아름다움인지는 논의가 필요하다.

찬성 입장

①외모가 능력인 사회이기 때문에 성형 수술을 해서라도 예뻐져야 한다.

②외모 때문에 차별을 받는 사례도 있어 성형 수술을 해서라도 예뻐져야 한다.

③예뻐지고 싶은 마음은 인간의 자연스러운 본능이자 개인의 선택이다.

반대 입장

①외모를 통해 사람을 판단하는 사회는 바람직하지 않으며 지나친 외모지상주의를 부추길 수 있다.

②성형 수술 비용이 많이 든다.

③성형 수술의 위험성과 부작용이 있다.

질문

①성형 수술을 한다면 가장 고치고 싶은 부분은?

②성형 수술에 대한 개인적인 느낌은?

③자신의 외모에 대해 만족할까?

④자신의 외모를 있는 모습 그대로 인정하며 사는 것은 왜 힘들까?

⑤성형 수술을 해서 외모가 달라지면 어떤 느낌이 들까?

43. 이성 교제를 허용해야 한다.

대상 : 12세 이상 | 시간 : 10분 | 관심도 : ★★★★★ | 난이도 : ★★★☆☆

자녀들은 이성에게 관심이 많다. 만약 자녀가 '사귀는 친구가 있어'라고 고백한다면, 자녀에게 뭐라고 조언해줘야 할까?

찬성 입장

①이성 간에 끌리는 것은 지극히 본능적이고 자연스러운 현상이다.

②이성 교제를 하면서 좋은 추억과 경험을 쌓을 수 있다.

③이성에게 떳떳해지기 위해 공부에 더 집중할 수 있다.

반대 입장

①스킨십 등 성숙하지 못한 사례들이 많다.

②같은 학교 안에서 이성 교제를 할 경우 헤어지게 되면 어색하다.

③이성 교제를 하면 학업에 방해될 수 있다.

질문

①이성 교제란?

②남자 친구 또는 여자 친구가 있을까?

③이성 친구가 생기면 좋은 점은?

④이성 친구가 생기면 안 좋은 점은?

⑤나에게 이성 친구란?

44. 화장을 허용해야 한다.

대상 : 12세 이상 | 시간 : 10분 | 관심도 : ★★★★☆ | 난이도 : ★★★★☆

어린 나이에 화장을 시작하면 피부 노화가 빨리 시작되고, 화장품을 돌려쓰거나 화장을 제대로 지우지 않는 습관 때문에 피부 질환이 생기기 쉽다. 하지만 화장을 하고 싶은 자녀들은 이렇게 말한다. "요즘 자외선 차단 성분이 들어 있는 기능성 색조 제품이 많이 나왔고, 피부 건강에 도움이 되는 화장품도 많이 나와서 괜찮아요."

찬성 입장

①화장은 나를 표현하는 방법 중 하나다.

②피부 건강에 도움이 되는 화장품이 있다.

③화장으로 자신을 적절히 꾸미는 건 자신감을 갖게 한다.

반대 입장

①화장을 하는 건 학생답지 못하다.

②화장을 하게 되면 피부가 상할 수 있다.

③화장을 하다 보면 다른 일을 소홀히 하게 된다.

질문

①화장을 해본 경험과 화장을 하고 싶은 마음이 든 적이 있을까?

②화장을 한 친구가 부러웠던 적은?

③우리 부모님은 초등학생이 화장을 하는 것에 대해 어떻게 생각할까?

④초등학생 때부터 화장을 하는 이유는 뭘까?

45. 아이에게 살 빼라는 소리는 하지 말아야 한다.

대상 : 10세 이상 | 시간 : 10분 | 관심도 : ★★★☆☆ | 난이도 : ★★★☆☆

비만인 아이는 자기가 살이 쪘다는 사실을 충분히 알고 있다. 그런데 부모는 아이에게 살 빼라는 잔소리를 너무 쉽게 할 때가 많다. 비만은 유전, 식습관, 수면 부족, 운동 부족 등으로 인한 결과다. 복합적인 요인을 고려하지 않고 "살 빼야지, 언제까지 계속 찌기만 할 거야?" 같은 말은 아이에게 부정적인 영향을 줄 수 있다.

찬성 입장

①살 빼라는 소리를 계속 듣게 되면 스트레스를 받는다.

②살 빼라는 소리에 오히려 반감이 생길 수 있다.

③건강보다는 외관상 예뻐 보이기 위해 살 빼라는 소리를 하는 것 같다.

반대 입장

①살 빼라는 소리가 자녀에게 의지를 준다.

②살 빼라는 소리 때문에라도 운동을 하게 된다.

③살 빼라는 부모의 잔소리는 자녀를 향한 관심이자 사랑의 표현이다.

질문

①살 빼라는 소리를 들어본 적이 있을까? 있다면 어떤 느낌이 들었을까?

②살 빼라는 소리를 들어야 아이가 정말 살을 뺄까?

③가족의 건강을 생각할 때 살 빼라는 소리 대신에 적절한 방법은?

④살 빼라는 소리가 부정적인 영향을 끼치는 경우는?

⑤살이 찐 상태를 꼭 나쁘게 봐야 할까?

46. 친구의 별명을 부르면 안 된다.

대상 : 10세 이상 | 시간 : 10분 | 관심도 : ★★★★☆ | 난이도 : ★★★☆☆

친구들끼리 별명을 부를 때가 있다. 별명을 부르면 좀 더 친근하게 느껴진다. 하지만 기분 나쁜 별명도 있다. 예를 들어 "멋진 누구야"라는 별명은 듣기 좋다. 하지만 "돼지! 바보!"라는 말은 기분을 상하게 만든다.

찬성 입장

①별명을 부르게 되면 기분이 나쁠 수 있다.

②외모를 비하하거나 친구의 이름을 이상하게 바꿔 별명을 부르면 오히려 친구와의 관계가 더 안 좋아질 수 있다.

③이상한 별명의 경우 안 좋은 기억을 남긴다.

반대 입장

①좋은 별명을 들으면 기분이 좋다.

②친근감을 담아 별명을 부르면 친구와 사이가 더 좋아지기도 한다.

③좋은 별명은 많은 사람들이 나를 오래도록 기억하게 해준다.

질문

①친구들이 나를 부르는 별명은?

②내가 친구의 별명을 불렀다가 갈등이 생겼던 경험은?

③다른 친구가 내 별명을 불러서 기분이 상한 적은?

④친구의 이름을 부르는 것과 별명을 부르는 것은 어떤 차이가 날까?

⑤아무리 재밌어도 별명을 부르지 말아야 하는 상황이 있다면?

47. 비속어를 사용하면 안 된다.

대상 : 8세 이상 | 시간 : 10분 | 관심도 : ★★★★☆ | 난이도 : ★★☆☆☆

자녀들은 비속어를 아무렇지도 않게 사용한다. 비속어를 사용하며 유대감을 다질 수도 있지만, 비속어를 잘못 사용할 경우 언어폭력으로도 번질 수 있다.

찬성 입장

①비속어는 우리 언어생활에 문제를 가져온다.

②비속어가 언어폭력이 될 수 있다.

③표준어를 사용하지 않을 경우 같은 말을 사용하고도 서로가 알아듣지 못하는 경우가 있다.

반대 입장

①비속어를 사용하게 되면 유대감을 형성할 수 있다.

②상대방에게 친근함을 표현하는 비속어도 있다.

③은어와 달리 비속어는 우리 사회에서 표준어처럼 광범위하게 쓰인다.

질문

①내가 주로 사용하는 비속어는?

②우리 반 친구들은 비속어를 많이 사용할까?

③비속어를 듣고 속상했던 적은?

④내가 비속어를 사용해서 친구와 싸웠던 경험은?

⑤친구들이 욕을 하는 가장 큰 이유는?

48. 플라스틱 사용을 금지해야 한다.

대상 : 10세 이상 | 시간 : 10분 | 관심도 : ★★★★★ | 난이도 : ★★★☆☆

플라스틱 쓰레기로 인해 환경오염이 심각하다. 하지만 우리 주변에서 많이 쓰이는 플라스틱 없이 생활할 수 있을까? 우리의 환경을 지키고 보존하는 차원에서 플라스틱 사용을 금지해야 할까?

찬성 입장

①분리배출이 되지 않은 플라스틱은 바다로 흘러가 생태계를 파괴한다.

②플라스틱은 썩지 않는다.

③미세 플라스틱으로 인한 문제가 심각하다.

반대 입장

①우리가 쓰는 플라스틱 물건이 너무 많아 플라스틱 없이 생활하기에는 불편하다.

②플라스틱 쓰레기 문제는 개인보다는 기업이 노력해야 하는 문제다.

③플라스틱 재활용을 잘 하면 된다.

질문

①플라스틱 때문에 죽어가는 동물을 본 경험은?

②플라스틱 쓰레기 관련 뉴스나 신문 기사를 보았을까?

③플라스틱은 환경에 어떤 영향을 미칠까?

④플라스틱을 대체할 수 있는 방법은 무엇일까?

⑤일상에서 플라스틱 사용을 줄이는 가장 좋은 방법은?

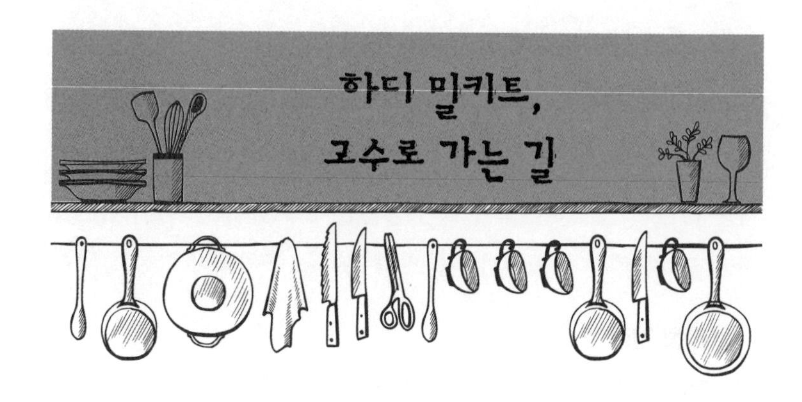

고수가 되는 비법은 반복 연습이다. 밀키트는 누구나 쉽게 가정에서 요리할 수 있지만, 같은 재료라도 감칠맛을 내는 비결은 따로 있다. 하디 아빠들이 만든 밀키트를 활용하여 가정에서 편하게 대화를 해보자. 다음 6단계 절차를 반복 연습하면 밀키트를 200% 맛있게 요리할 수 있다.

1단계: 50가지 메뉴에서 아이와 부모가 이야기하고 싶은 밀키트를 고른다.

"오늘은 어떤 메뉴를 골라볼까?"

"탕수육은 찍먹으로 먹어야 한다. 이 메뉴 어때?"

2단계: 메뉴를 선택한 다음에 개념 탐구를 한다.

메뉴에 어려운 낱말이 있다면 그 낱말의 뜻을 찾아본다. 이것이 개념 탐구 과정이다.

"찍먹이 뭘까?"

"인터넷 검색을 해 볼게. '찍먹'은 바삭한 고기 튀김을 소스에 가볍게 찍어 먹는 것이고, '부먹'은 고기 튀김을 소스를 미리 튀김 전체에 부어 먹는 거야."

3단계: 찬반 입장을 정한 후 이야기하는 순서를 결정한다.

입장 1: "난 찬성 입장이야. 탕수육은 찍어 먹어야 제맛이지."

입장 2: "그럼 난 반대! 탕수육은 부먹이지!"

순서 1: "그럼, 내가 먼저 해도 되지? 왜 '찍먹'이 진리인지 얘기할게."

순서 2: "그래, 좋아."

4단계: 찬반 입장에 대한 주장을 하고, 첫 번째 주장에 대한 반론을 한다.

첫 번째 주장: "내가 찍먹을 좋아하는 이유는 소스가 가볍게 덮인 게 좋기 때문이야. 소스를 부어버리면 튀김이 눅눅해지잖아."

첫 번째 반론: "나는 반대야. 소스를 붓지 않으면 고기와 소스가 따

로 놓아. 소스가 고기에 충분히 스며들어야 제맛이 나거든.”

5단계: 첫 번째 반론을 듣고 다시 반론한다. 이런 과정을 시간에 맞게 반복한다.

두 번째 반론: “소스와 고기가 한데 어우러지면 소스가 고기에 충분히 스며들겠지만 너무 달짝지근해지잖아. 난 그런 느낌이 싫어.”

세 번째 반론: “달짝지근한 느낌이 싫을 수 있어. 그런데 소스를 살짝만 찍어 먹으면 너무 딱딱해서 먹기가 힘들어.”

6단계: 소감으로 마무리한다.

주장, 반론, 재반론을 반복하지만 누가 옳다는 결정보다 서로 다른 생각을 주고받는 과정을 즐기는 것이 중요하다.

소감 1: “탕수육을 부먹으로 먹는 사람들이 이해가 안 갔는데, 부먹파들은 달짝지근한 깊은 맛을 원하고, 딱딱한 느낌을 힘들어 한다는 걸 알았어.”

소감 2: “나는 고기에 소스가 충분히 스며드는 게 좋지만 찍먹을 좋아하는 사람들은 그런 눅눅함을 싫어한다는 걸 알았어. 먹는 스타일에도 다양한 이유가 있다는 게 재밌었어.”

하디 아빠 TIP

하아: 메뉴를 선택하고 얼마나 오래 이야기를 해야 할까요?

디아: 전체 과정은 짧게는 5분, 길게는 15분까지도 진행할 수 있어요. 주어진 대화 시간과 상황에 맞게 진행하면 돼요.

하아: 계속 이야기를 하다가 자녀가 힘들어 하면 어떻게 하는 게 좋을까요? 금방 끝나니 조금만 참으라고 얘기하면 될까요?

디아: 부모가 끝을 보고 싶은 마음에 "조금만 더~" 하면서 이야기를 끌고 나가면 아이가 다음에는 대화 자체를 하는 것을 꺼려할 수 있어요. 편하게 얘기하는 분위기, 서로 다른 주장과 이유를 얘기하면서 문제를 다양하게 바라볼 수 있다는 느낌만 얻어도 충분해요.

하아: 그래도 결과가 나지 않으면 뭔가 끝나는 느낌이 안 들 것 같아요.

디아: 결과에 연연하지 않는 게 좋아요. 자녀와 함께하는 하디 시간은 모든 과정 자체가 의미 있기 때문이에요.

하디 밀키트 필수 재료 소개

필수 재료: 개념(200g), 질문(1큰술), 쟁점(300g), 자료(3개)

하디 밀키트 메뉴: "탕수육은 찍먹으로 먹어야 한다."

1) 개념 : 메뉴에 있는 낱말의 뜻

(예) 찍먹: 바삭한 고기 튀김을 소스에 가볍게 찍어 먹는 것

2) 질문 : 메뉴에 대한 다양한 물음

(예) 왜 찍먹으로 먹어야 해? 부먹은 너무 눅눅하지 않아?

3)쟁점 : 찬성과 반대 입장에서 서로 다투게 하는 물음

(예) 탕수육을 먹는 방법에는 뭐가 있을까?

4)자료 : 찬성과 반대 입장을 설득력 있게 주장하기 위해 뒷받침하는 정보나 경험

(예) '찍먹'은 튀김이 눅눅해지지 않게 하고 바삭한 식감을 살린다.
'부먹'은 탕수육에 소스가 충분히 스며들어 달달한 맛을 더한다.

5)아이디어 : 하디 밀키트를 먹은 다음에 이어질 수 있는 체험 활동. 후식, 디저트 같은 느낌

(예) 부먹 VS 찍먹, 무엇이 더 맛있는지 서로 다른 의견을 치열하게 나눈다. 머리로 아는 것에 그치지 않고 중국집에 가서 탕수육을 시킨다. 탕수육을 반반 나누어 부먹과 찍먹이 어떤 느낌인지 각각 맛을 비교해본다.

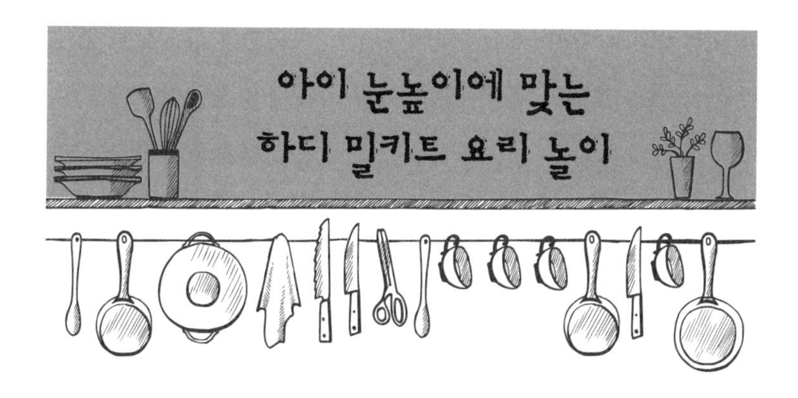

하브루타와 디베이트는 언제부터 가능할까? 아이들이 어려도 부모와 함께 "왜?"라는 질문으로 얼마든지 생각하는 연습을 할 수 있다. 아이 눈높이에 맞는 하디 밀키트 요리를 살펴보고 고르면 된다. 아이의 수준은 저마다 차이가 있기에 학년과 정확히 일치하지 않을 수 있다. 가정에서 부모가 아이의 수준과 상황을 파악하고 요리를 해 보자.

초등학교 1, 2학년은 일상 주제로 부모님과 즐겁게 대화를 나눠 본다. 이 시기는 '말놀이'에 가깝다고 할 수 있다. 자녀들이 좋아하는 책을 가지고 하면 좋다. 3부에 나와 있는 독서 키워드 질문을 활용하면 책 대화를 재밌게 나눌 수 있다.

초등학교 3, 4학년부터는 논리력이 생기는 시기다. 사회적으로 논란이 되는 주제나 시사적인 주제를 가지고 일정한 형식에 맞춰 찬성과 반대의 입장에서 말할 수 있다. 물론 자녀가 관심 있는 주제가 아니면 흥미가 생기지 않을 수 있기 때문에 스스로 주제를 선택할 수 있게 한다. 자녀의 일상 속 주제나, 관계에서 오는 갈등에서부터 대화를 시작하면 좋다.

초등학교 5, 6학년부터 부모님과의 관계 속에서 갈등이 발생한다. 그리고 사회를 볼 수 있는 안목이 생긴다. 그렇기 때문에 이 시기에는 자신을 돌아볼 수 있는 성찰의 마음을 키워주면 좋다.

다음은 연령에 따른 요리 방법이다.

[8-9세 초등 저학년, 대화 재미 맛보기]

이 시기의 아이들은 스스로 읽기가 가능하며 자기주장을 할 수 있는 나이이다. 그래서 이 시기에는 3부에 나오는 '질문 하디 밀키트'를 가지고 요리하는 것을 추천한다. 8-10세 아이들은 일단 재미있어야 한다. 아이들이 좋아하는 그림책이나 도서, 기사나 뉴스에서 나오는 이야기를 가지고 즐겁게 생각을 나눠 보자.

· 주제 안에 있는 개념을 자녀가 모른다면 부모가 알려주고 쟁점 질문을 던져 본다.

· 질문에 대한 자녀의 대답을 들어 본다.

· 자녀의 대답에 긍정적인 질문으로 반응하고 간단히 소감을 나누고 마무리한다.

[10-11세 초등 중학년, 주장 주고받기]

이 시기의 아이들은 서로 주장을 주고받을 수 있다. 본격적으로 논리력이 향상된다. 세상을 옳고 그름으로 바라보는 능력이 있다. 사회적 이슈를 다룬 기사나 도서, 일상의 경험을 가지고 2부에 나오는 '쟁점 하디 밀키트' 와 3부에 나오는 '질문 하디 밀키트'를 가지고 많이 토론해 보자. 이 시기에는 자기 생각을 끊임없이 펼쳐 나갈 기회를 많이 제공해 줘야 한다.

· 주제에 있는 개념을 함께 찾아보고 쟁점 질문을 부모와 자녀가 각각 만들어 본다.

· 자녀에게 먼저 발언의 순서와 찬반 입장을 정할 기회를 준다.

· 주장을 세우고 근거 자료를 시간을 정해놓고 조사한다.

· 질문 하디 밀키트와 쟁점 하디 밀키트를 활용한다.

[12-13세 초등 고학년, 논리력 키우기]

이 시기의 아이들은 논리적 사고가 가능하다. 그래서 다양하게 쟁점에 대해 자기 생각을 표현하게 해 줘야 한다. 이 시기에는 질문을 많이 주고받고 리서치 습관과 정보 활용 능력을 기르도록 하자.

· 주제에 있는 개념을 함께 찾아보고 쟁점 질문을 부모와 자녀

가 각각 만들어 본다.

· 발언의 순서와 찬반 입장을 자녀와 협의해서 결정한다.
· 주장을 세우고 근거 자료를 시간을 정해 놓고 조사한다.
· 질문 하디 밀키트와 쟁점 하디 밀키트를 활용한다.

아래 [표]에 연령별 발달 특성과 시간과 난이도, 준비물과 자료를 정리했다.

[표] 연령별 요리 방법

연령별 주제	발달 특성	시간/난이도	준비물 및 자료
1단계.8-9세 *가족관계, 일상경험에서 주제 정하기	자기주장을 할 수 있음	5분 별1~2개	- 타이머 - 노트 - 신문 기사나 뉴스 - 주제 관련 도서
2단계.10-11세 *가족관계, 일상경험, 사회이슈에서 주제 정하기	쟁점을 가지고 서로 주장을 주고받을 수 있음.	10분 별1~3개	- 타이머 - 노트 - 신문 기사나 뉴스 - PC, 스마트 기기
3단계. 12-13세 *가족관계, 일상경험, 사회이슈, 교과에서 주제 정하기	쟁점을 가지고 논리적으로 말할 수 있음.	15분 별1~5개	- 타이머 - 노트 - 신문 기사나 뉴스 - PC, 스마트 기기

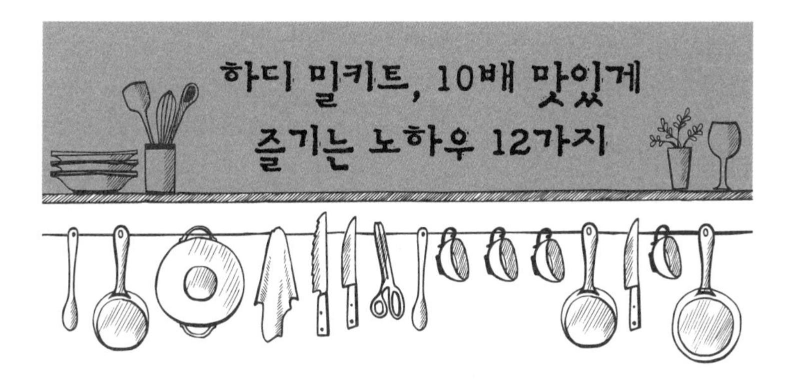

가정에서 자녀와 하디 밀키트를 활용하는 것은 어색하고 부담스럽다. 자녀들과 재미있게 하디 밀키트를 요리하기 위해서는 많은 사전 준비가 필요하다. 밀키트를 맛있게 즐기는 노하우 12가지를 소개하면 다음과 같다.

노하우 1. 오류 가능성 인정하기

오류 가능성이란 서로의 생각이 다를 수 있으며 자신의 생각이 틀릴 수 있다는 점을 인정하는 것이다. 서로 다른 의견을 주고받다 보면 갈등이 발생한다. 갈등 상황에서 자신의 생각이 문제가 있는데도 부모는 잘못된 권위를 내세운다. 자녀는 자기주장을 고집하기도 한다. 이럴 때 정답과 오답을 따지지 말고 열린 마음으로 다양한 의견을 수용해야 한다. 부모도 틀릴 수 있다고 인정하는 모습이 자녀에게 큰 울림이 된다.

노하우 2. 리액션하기

리액션(reaction)이란 상대방의 말이나 행동에 대해 나오는 표정, 행동 같은 반응을 말한다. 리액션은 소통 분위기를 훈훈하게 만든다. 소통할 때 부모와 자녀는 하고 있는 것을 잠시 멈추고 서로를 바라본다. 서로 마주 보면서 소통하면 말하는 내용을 잘 이해할 수 있고, 부모와 자녀의 마음과 마음이 자연스럽게 연결된다. 서로 눈을 맞추면 서로를 이해하고 공감하는 힘이 생겨난다. 말하는 사람을 바라보는 것은 상대를 존중하는 최고의 표현이다.

노하우 3. 메뉴 선택 & 하디 밀키트 시간을 자녀와 함께 결정하기

하디 밀키트 메뉴 선택도 상의가 필요하다. 이런 과정 자체가 의미가 있고, 상대방과 자신의 필요를 조율하는 힘을 기를 수 있다. 부모가 일방적으로 추진하면 자녀는 억지로 하거나 부모 역시 얼마 못 가서 포기하게 되고 관계만 어색해진다.

노하우 4. 하디 밀키트 요리 환경

일상 대화가 없다가 하디 밀키트를 요리하자고 한다면 자녀와 부모 모두 어색할 수 있다. 그래서 최대한 판단하지 않는 허용적이고 편안한 분위기를 만든다. 장소는 자녀가 편한 곳에서 하면 좋다.

노하우 5. 관련 자료 탐색

부모님이 미리 하디 밀키트 메뉴와 관련 기사, 책, 자녀와 겪었던 사례를 찾아보고 노트에 정리한다. 만약 초등 1, 2학년 자녀라면 일상 관련 책이나 기사를 읽기 자료로 준비하면 좋다. 그리고 정리한 글을 자녀와 함께 읽으며 요약한다. 자녀가 아직 내용을 요약하는 게 어렵다면 부모님은 참고 질문을 활용한다. 상황에 맞는 적절한 질문은 아이들의 호기심을 자극한다. 단순히 "잘 생각해 봐."라는 표현보다 "왜 그럴까?"라는 질문이 좋다.

〈하디 밀키트 노트 활용 방법〉

①하디 밀키트 노트를 준비한다.

②하디 밀키트를 요리하면서 떠오르는 아이디어와 다양한 질문들을 생각나는 대로 기록한다.

③디베이트 밀키트를 하면서 찾았던 자료를 기록한다.

노하우 6. 듣는 마음 규칙 세우기

하디 밀키트를 먹기 전에 자녀와 함께 규칙을 정해 본다. 편하게 만나는 가족이지만 상대를 존중하는 태도는 소중하다. 가령, '상대방이 알아들을 수 있도록 말한다', '중간에 끼어들지 않는다', '말하는 사람을 바라보면서 듣는다', '중간에 끼어들 때에는 상대방의 허락을 받는다', '생각할 시간을 충분히 가진다' 등이 있다. 하디 아빠들이 이야기 나누면서 세운 규칙을 소개한다. 우리는 그것을 듣는 마음 습관이라고 부른다.

〈듣는 마음 습관〉
①말하는 사람을 바라본다.
②중간에 끼어들지 않는다.
③상대방의 말을 끝까지 듣는다.
④어른의 개입을 최소화한다. 하지만 예외 상황에서는 개입할 수 있다.

여기서 예외 상황은 중언부언, 흐름에 맞지 않은 말, 주제와 관련 없는 발언을 말한다.

노하우 7. 발언권은 자녀에게 먼저 준다.

처음에는 자녀가 발언의 순서를 결정하게 한다. 나중에는 발언의 순서를 가위바위보 등 다양한 방식으로 정할 수 있다.

노하우 8. 발언 시간은 최대 15분을 넘기지 않는다.

자녀와의 시간 약속은 중요하다. 시간 약속만 잘 지킨다면 가족만의 건강한 문화를 만들고, 지속할 수 있다. 시간 약속을 정하고 대화를 한다는 건 가족 중 어느 한 사람만이 주인공이 아니라는 뜻이다. 우리 모두가 대화의 주인공이기 때문에 시간을 지키면서 서로를 존중하는 연습이 필요하다. 대화를 하자고 하면 자녀들이 힘들어하는 이유는 다음과 같다.

①대화가 언제 끝날지 모른다. 지루하다.
②어른들의 말할 차례가 되면 일장 연설이 된다. 당황스럽다.
③뭔가를 할 때 갑자기 대화를 하자고 한다. 뜬금없다.

끝나는 시간을 정하고, 약속한 시간에 끝내는 연습이 중요하다. 이를 위해 타이머를 사용해 하디 밀키트를 요리해보자.

〈타이머를 활용한 하디 밀키트〉
①가족 중 한 사람이 '타이머'를 준비한다.
②약속한 시간에 알람을 맞추는 시간 관리자를 정한다.
③시간 관리자는 약속된 알람이 울리면 말하는 사람에게 알려준다.
④시간이 부족할 경우 보너스 시간을 요청한다.
⑤만약 보너스 시간이 끝나도 멈추지 않을 때는 아쉽더라도 대화를 마치도록 한다.

노하우 9. 자연스러운 호칭으로 시작한다.

디베이트에서는 토론자님, 입안자님, 발언자님, 반박자님 이렇게 호칭을 쓴다. 하지만 가족끼리 이런 호칭을 쓰기에는 어색하다. 가정의 상황을 공식적인 대화의 시간으로 본다면, '토론자님'이라고 하면 좋다. 서로가 대등한 관계라는 표현이며, 서로를 존중한다는 의미이기 때문이다. 하지만 처음에는 어색할 수 있으니 어느 정도 익숙해질 때 사용했으면 한다. 호칭을 따로 정할 수 있고, 편하게 아빠, 엄마, 아이 이름으로 부를 수 있다. 닉네임을 불러주는 것도 괜찮은 방법이다. 닉네임을 불러주게 되면 친근하게 느껴진다.

노하우 10. 대화 점유율이 같아야 한다.

대화 점유율은 서로가 공평하게 똑같은 분량의 시간만큼 이야기하자라는 뜻이다. 대화 점유율은 대화에서 중요한 영향을 미친다. 이것이 균형 있게 나뉘어야 대화 참여자들은 공정하다고 여긴다. 가정에서 대화를 할 때도 발언 시간을 공평하게 배분한다. 아이들만 이야기를 하는 것도, 어른들만 이야기를 하는 것도 대화 점유율이 한쪽으로 치우친 것이다. 만약 부모님들만 이야기를 계속하면 자녀들은 속으로 '대화해도 소용없어. 지루해. 또 잔소리야'라는 마음이 들 것이다.

노하우 11. 자녀의 침묵을 인정한다.

말로써 치열하게 싸우는 현장에서 침묵은 어울리지 않는다. 운동을 해야 할 상황에서는 정장이 어울리지 않듯 말이다. 하지만 하나의 문장을 놓고 침묵하며 서로 곰곰이 생각하는 시간은 대화를 풍성하게 준비하도록 만든다. 침묵에 대한 개인적인 반응이 다를 수 있다. 하브루타에서도 진행자의 성향에 따라 침묵하는 시간을 충분히 갖는 분들과 질문을 제시하고 곧바로 하브루타를 안내하는 분들이 있다. 디베이트에서 침묵은 상대방의 주장에 대해 전적으로 동의한다는 뜻으로 보인다. 하지만 침묵은 문제를 숙고하는 소중한 시간이다. 자녀가 바로 대답을 못 할 때 부모가 자신의 생각을 말하기보다 30초에서 1분 사이 이내로 기다리는 시간을 가져보자.

노하우 12. 자신의 주장과 입장을 바꿀 수 있다.

상대방의 설득력 있는 주장을 인정하고 수용하는 자세가 필요하다. 자신의 논거보다 상대방의 논거가 낫다는 느낌이 들 때가 있다. 여기서 논거란, 주장을 뒷받침하는 근거이다. 자녀의 주장이 나을 수 있다. 그런데 부모는 자녀를 인정하기 쉽지 않다. 자녀와 경쟁을 하는 것이 아니기 때문에 언제든지 주장을 변경할 수 있도록 열어둬야 한다. 하디 밀키트 요리 과정에서 자신의 생각이 얼마든지 바뀔 수 있다.

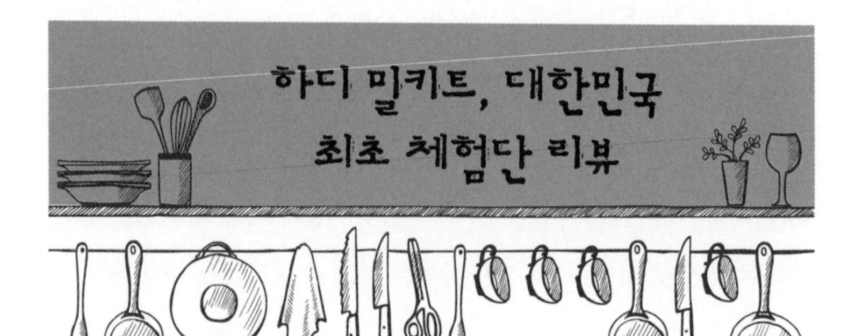

하디 밀키트 체험단 모집

1) 참가 자격

- 가족이 시간을 내어 하디 밀키트를 함께 먹는 데 동의해야 한다.
- 아이가 반대하면 체험 신청을 할 수 없다.
- 하디 밀키트 체험 후 솔직 담백한 리뷰는 필수다.

2) 모집 가정 : 3가정

3) 체험 과정

- 주 1회 하디 밀키트가 이메일로 제공된다.
- 밀키트를 개봉하여 요리 순서에 따라 최소 10분에서 최대 30분 정도 가족이 함께 거실에서 음식을 만든다.

4) 체험단에게 주어지는 혜택

향후 1년 동안 새로운 하디 밀키트가 개발되면 먼저 체험할 수 있다.

치열한 심사를 뚫고 체험단에 선정된 세 가정을 소개한다. 하디 밀키트 출시 전에 세 가정은 대한민국 최초로 개발된 하브루타 디베이트 밀키트를 가장 먼저 맛볼 수 있는 기회를 얻었다. 이번 체험단에 뽑힌 세 가정은 저마다 특징이 있다. 자녀마다 기질도 다르다. 각 가정의 실천 사례를 보면서 '아 이렇게도 할 수 있구나'를 느껴보자.

1. 은우네 가정

1)아이 연령: 12세

2)특징:

- 신문 기사를 좋아한다.
- 엄마와 함께 기사를 가지고 토론하는 것을 좋아한다.

3)2부 메뉴 1에서 메뉴 14까지 쟁점 하디 밀키트 실천 사례를 담았다. 사회적으로 논란이 되는 주제가 많다.

4)쟁점 하디 밀키트 매뉴얼에 따라 실천했다. 은우의 경험과 객관적인 참고 자료를 근거로 활용했다.

사용 후기

1. 쟁점 하디 밀키트는 어떤 점이 도움이 되었나요?

은우는 하브루타와 디베이트 활동을 하면서 생각의 틀이 넓어졌어요. 메뉴에 따라 자신의 견해에 맞는 근거를 도출하는 연습을 한 점이 좋았어요. 그 과정에서 단편적으로 흩어져 있던 정보들을 연결하려고 했어요. 사고하는 기술과 상대편의 의견을 듣고 이해하는 힘도 기를 수 있었어요.

2. 평소 가정에서 은우는 생각하는 힘을 기르기 위해 어떤 노력을 했을까요?

악기나 운동을 한 번 연습한다고 해서 잘할 수 없잖아요. 계속 반복 연습해야 실력이 늘어요. 정해진 주제를 놓고 다양한 생각을 이리저리 엮어내는 힘도 반복 연습해야 자란다고 생각했어요. 이를 위해 은우와 함께 특정 주제와 관련된 역사적인 사건들을 조사했고, 신문 기사와 문학 작품들도 찾아 연결해보려고 노력했어요.

3. 쟁점 하디 밀키트 체험을 하면서 가장 중요하게 여긴 점은 무엇이에요?

주제와 관련된 역사적 자료를 조사하는 것이었어요. 이런 과정은 과거와 현재, 미래를 연결 짓게 했어요. 생각하는 틀은 당대 사회 문화와 역사에 의해 영향을 받기에 주제와 관련된 사회적, 역사적 상황이 무엇인지 조사하며 대화를 나눴어요.

4. 쟁점 하디 밀키트를 추천하는 이유는 무엇일까요?

하브루타 디베이트 활동은 간단하지만 생각의 깊이와 이해의 폭

을 넓혀주는 매우 효과적인 방법이에요. 주 2회 정도 15분씩 꾸준히 쟁점 하디 밀키트를 맛있게 맛본다면 아이가 깊고 넓게 세상을 이해하는 마음의 힘을 갖게 될 거예요.

2. 하율이 가정

1)아이 연령 : 8세

2)특징

- 하율이는 엉뚱하고 재밌는 상상을 좋아한다.
- 가족끼리 책을 읽고 토론하는 것을 좋아한다.

3)2부 메뉴 15에서 하디 밀키트 실천 사례를 담아보았다. 하율이가 관심 있는 책에서 주제를 선정했다.

4)엄마, 아빠가 함께 참여했고 가족의 상상력이 더욱 맛을 냈다.

사용후기

1. 질문 하디 밀키트를 이용하게 된 이유가 무엇인가요?

우리 가족이 하율이와 하디 밀키트를 이용하게 된 주된 이유가 있습니다. 바쁘고 분주한 일상에서도 저희 부부는 하율이와 충분히 교감하며 대화하고 싶었습니다. 부모의 자식을 향한 내리사랑은 누구나 동일하겠지만 맞벌이 부부인 저희 가정은 그러한 내리사랑조차도 쏟아부을 시간적인 여유가 턱없이 부족했습니다. 하루 한 끼 식사조차 함께하기 어려웠습니다. 고작 일주일에 한 번, 주말이라도 함께 식사하며 대화를 나눠보자고 제안했던 적도 있었습니다. 그래서 힘들더라도 주말에 저녁 식사 후에 다과를 나누며 질문 하디 밀키트로 대화해보자고 제안했습니다.

2. 초등학교 1학년인 어린아이가 어떻게 가능했을까요?

'초등학교 1학년 어린아이가 무슨 토론일까? 무슨 대화가 가능할까?' 의문이 드는 분들도 계실 것입니다. 저희 부부도 처음에는 그런 마음이었습니다. 하지만 몇 차례 질문 하디 밀키트 대화를 진행하면서 생각보다 아이가 자신 안에 더 많은 것을 품고 있고, 대화를 통해 확장시키고 있음을 발견했습니다.

3. 질문 하디 밀키트를 이용하면서 어떤 점이 도움 되었나요?

맞벌이 부부로서 시간을 내기가 어려웠지만 지금은 만족합니다. 가족과 대화를 나누면서 가족애가 조금씩 자라는 것을 느꼈습니다. 서로의 속마음도 알게 되는 더없이 값진 시간을 갖게 되었습니다. 진솔한 대화와 서로 눈을 맞추며 함께 하는 이 시간이 너무 소중합니다. 발달심리학에서는 초등학교 1학년은 논리가 부족한 때라고 말하지만 질문 하디 밀키트를 이용 하면서 아이가 서서히 사고의 확장을 이뤄갔습니다. 그리고 번뜩이는 창의력을 쏟아내는 모습도 보면서 놀라기도 했습니다.

4. 평소 하율이는 어떤 방법으로 공부하고 있나요?

저희 부부는 프로젝트형 학습을 통한 배움의 기쁨과 효과를 추구하는 편입니다. 책을 읽고 질문 하디 밀키트를 이용하는 것에 그치지 않고 이를 체험 활동과 연계하려고 노력했습니다. 주말을 활용해 우리가 나눈 대화를 몸으로 느끼도록 여행을 다녀왔습니다. 그 결과, 아이의 확장된 사고가 창의적인 그림이나 작품 등 출력(output)으로 자연스럽게 이어졌습니다.

5. 하율이는 어떤 점이 부족하다고 생각하나요?

하율이는 성격이 활달하지만 남들 앞에서 자신의 의견을 이야기할 때 많이 쑥스러워 했습니다. 그런 면에서 조금이나마 도움을 주고 싶었습니다. 하율이가 시를 쓰는 아이가 된 이유가 자신의 생각을 표현하고 싶은데 남들 앞에 나서서 말하는 것이 쑥스러워 글로 자신을 표현하는 것이 아닌가 싶었거든요. 저희 부부는 그런 하율이가 자신이 가진 것을 말로도 표현할 줄 아는 아이가 되기를 바라는 마음이었습니다. 물론 아이의 타고난 기질을 억지로 바꾸고자 하지 않았습니다. 아이의 성향은 인정하되, 본인이 표현하고 싶은 것이 있다면 속으로 답답해하지 않고 밖으로 표현해보는 연습을 하는 것이 아이 성장에 필요한 과정이라 생각했습니다.

6. 하율이가 앞으로 어떤 아이로 성장하길 바라나요?

하율이가 배움을 즐기고 재미있는 상상을 많이 하는 아이로 성장하길 바랍니다. 앞으로 더욱 가야 할 길이 많지만, 저희 가정이 질문 하디 밀키트로 대화하면서 건강하게 더욱 성장하길 기대합니다.

3. 은결이네 가정

1)아이 연령 : 13세

2)특징

- 은결이 가정은 가족 대화를 꾸준히 하는 가정이다.
- 하아 아빠의 가정이다.

3)2부 메뉴 16에서 메뉴 17까지 하디 밀키트 실천 사례를 담아보았다. 자연스러운 가족의 일상이 글 대화 속에서 드러났다.

사용 후기

1. 하디 밀키트를 사용하는데 힘들었던 점이 있나요?

저는 하브루타를 학교 수업에서 약 8년째 하고 있었습니다. 그런데 가정에서는 아이들과 학교에서 하는 것처럼 하브루타를 하지 못했습니다. 이런 상황이 참 힘들었습니다.

2. 교사로서 학교에서 실천했을 때와 아빠로서 가정에서 실천했을 때와 비교했을 때 어떤 점이 다른가요?

학교에서는 자료를 읽은 후 질문을 만들고 그것을 가지고 둘씩 짝을 지어 대화를 나눴습니다. 가정에서는 이 과정이 어려웠습니다. 학교에서는 수업 활동이어서 아이들이 별 저항 없었지만 가정에서는 아이들이 내가 왜 이런 걸 하냐고 따졌습니다. 몇 번 시도하다가 자존심이 상해서 포기했습니다. 그런데 지나고 나니 하브루타를 한다는 게 꼭 자료를 읽거나 영화를 보고 질문을 만들고 이야기를 하는 것만이 아님을 알게 되었습니다. 일상에서 자연스럽고 당연하게 받아들여지는 일들에 대해 부모가 먼저 "왜일까?"라는 질문만 던져도 아이들의 생각에 작은 파문이 일어나지 않을까 했습니다.

3. 질문 하디 밀키트를 이용하게 되면서 달라진 점이 있나요?

아이들과 둘이서 질문을 만들어 보고 치열하게 생각을 주고받지는 못했으나, 제가 하브루타를 만난 후 가정에서 가장 달라진 점은 마주하는 현실과 사건에 대해 아이들에게 질문을 던지는 행위였습니다. "세상에 당연한 게 과연 있을까?" 다소 어렵지만 이런 질문을 일상에서 툭툭 던졌습니다. 제가 던진 질문에 아이들이 골똘히 생각하지는 않습니다. 다만 아빠는 "왜?"라는 질문을 달고 사는구나, 뭐든지 그냥 무조건적으로 받아들이는 법은 없구나, 질문을 하면서 두 번 생각하는구나, 하는 인식이 아이들에게 생긴 듯합니다. 그럼 "왜?"라는 질문 다음에는 어떤 말이 따라올까요? "왜냐하면"이라는 접속어가 이어집니다. 비록 아직은 아이들과 학교에서 하는 것처럼 질문을 만들고 서로 마주 보면서 대화를 하지 못하지만, 가랑

비에 옷 젖듯 아빠가 던지는 "왜?"라는 질문 하나로 아이들이 조금 달라진 모습을 만날 수 있어 그 자체로 반가웠습니다.

4. 앞으로 질문 하디 밀키트를 이용하게 될 고객분들께 하고 싶은 말씀이 있나요?

하디 밀키트를 통해 아이들은 뭐든 당연하게 여기지 않고 새롭게 바라보려고 하고 누군가에게 질문을 한다는 건 자연스러운 일이라는 점을 몸에 자신도 모르게 익히게 될 겁니다. 이런 면에서 저는 우리 부모님들이 아이들에게 "왜?"라는 질문을 즐겁게 던져주셔도 괜찮지 않을까 합니다.

– 2부 –
쟁점
하디 밀키트

쟁점 하디 밀키트의 필수 재료는 '쟁점'이다. 2부에서는 일상에서 만날 수 있는 다양한 쟁점을 가지고 요리하는 방법과 매뉴얼을 소개한다. 쟁점 하디 밀키트를 활용하여 대화를 나눈 17가지 체험 사례가 소개된다.

〈2부 쟁점 하디 밀키트〉는 디베이트 특징을 담은 밀키트다. '쟁점'은 디베이트의 필수 재료다. 쟁점이 있어야 찬반 입장에서 주장과 반론을 주고받을 수 있다. 쟁점이 없이는 디베이트를 할 수 없다. 그래서 쟁점을 도출하기 위한 하브루타가 필수적으로 요구된다. 쟁점이란, 찬성과 반대 양측의 주장이 엇갈리는 지점을 말한다. 이는 찬반 입장에서 서로 다투게 하는 물음과 같다. 디베이트 수업을 진행하다 보면 학생들은 쟁점 찾기 활동을 가장 어려워한다. 이 같은 어려움을 해결하기 위해 2부에서는 쟁점에 관한 구체적인 설명과 매뉴얼을 더했다. 17개의 체험 사례를 통해 간접 경험할 수 있다.

①쟁점 하디 밀키트 매뉴얼대로 따라 해본다.
②1부 인기 메뉴 목록을 보면서 마음에 드는 것을 골라 이야기를 나눠본다.
③PC나 스마트 기기를 활용해 자료조사를 해본다.
④체험 사례를 간접 경험할 수 있다.

하디 아빠 TIP

1. 쟁점을 쉽게 파악할 수 있습니다.
2. 조리 시간은 메뉴에 따라 15분에서 20분이면 끝납니다.
3. 자녀와 함께 자료를 찾는 재미가 있습니다.

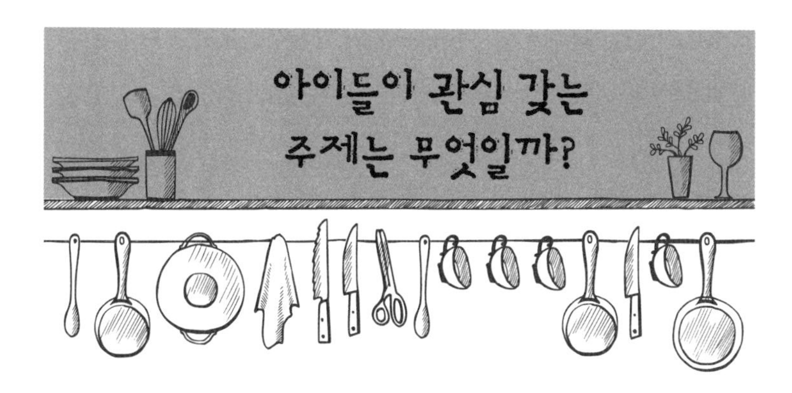

아이 스스로 주제를 선택할 기회를 주면 참여도가 높아진다. 아이들은 자기 선택권을 중요하게 생각하며 이야깃거리에 따라 대화 관심도가 달라진다. 그런데 선택지 없이 대화하고 싶은 주제를 물으면 막막해 한다. 그래서 주제 목록을 제시하고 고르게 하면 효과적이다. 설문 조사 결과 아이들이 선호하는 주제를 발견할 수 있었다. 아이들이 관심 갖는 주제 목록을 찾는 작업은 하디 밀키트 가게의 핵심 전략이다.

설문 조사 결과 총 48개의 하디 밀키트 주제 목록을 만들었다. 조사는 초중등 학생 115명을 대상으로 실시하였다. 설문 문항에 복수 답변을 허용하였고, 상황별로 가족 간의 관계에서 오는 갈등, 사회적으로 논란이 되는 이슈, 교과 관련성, 일상생활로 분류하여 4개의 설문 문항을 만들었다.

질문 1 (일상) 일상 생활에서 관심이 있는 주제는 무엇일까?
답변 1 사교육 , 감정, 패션, 외모, 이성 교제 등

질문 2 (가족) 부모님 또는 형제자매와 자주 부딪히는 문제는 무엇일까?
답변 2 정리정돈, 공부, 과제, 수면, 용돈 등

질문 3 (사회) 관심 있는 사회 이슈는 무엇일까?
답변 3 CCTV 설치, 사면 제도, 보신탕, 당류 제한 문제, 게임셧다운제 등

질문 4 (교과) 교과 내용에서 관심이 있는 분야는 무엇일까?
답변 4 환경, 평화, 정치와 법, 경제, 수학 등

각 4개의 설문 문항에 답변한 키워드를 가지고 '하디 밀키트 인기 메뉴 Top 48'을 개발할 수 있었고 그 결과를 다음 [표]로 정리했다.

[표] 상황별 관심 키워드 조사

상황	관심 키워드	주제	빈도(명)	(%)
일상(10)	사교육	국영수 사교육을 없애야 한다.	60	52
	감정	화가 나면 화를 내도 된다.	101	88
	패션	옷차림, 헤어스타일, 네일아트 등 자녀의 패션을 자유롭게 허용해줘야 한다.	104	90
	외모	성형수술을 해서라도 예뻐져야 한다.	112	97
	이성교제	이성 교제를 허용해야 한다.	111	96
	화장 허용	화장을 허용해야 한다.	53	46
	건강	아이에게 살 빼라는 소리는 하지 말아야 한다.	45	39
	별명 부르기	친구의 별명을 부르면 안 된다.	102	89
	비속어사용	비속어를 사용하면 안 된다.	105	91
	플라스틱 사용	플라스틱 사용을 금지해야 한다.	108	94
가정(16)	정리 정돈	방 정리 정돈은 꼭 해야 한다.	82	71
	공부	공부를 잘해야 성공한다.	104	90
	과제	방학 과제를 없애야 한다.	95	83
	수면	늦잠을 허용해야 한다.	66	57
	신용카드 사용	청소년도 신용카드를 사용하게 해야 한다.	47	41
	스마트폰	초등학생은 스마트폰을 사용하면 안 된다.	110	96
	중독	게임 중독은 질병이다.	109	95
	반려동물	반려동물을 꼭 키워야 한다.	58	50
	독서	책은 읽고 싶을 때 읽어야 한다.	32	28

	식습관	아침은 반드시 먹어야 한다.	21	18
	식사 예절	밥 먹을 때 움직이면 안 된다.	43	37
	고자질	가족 사이에 고자질을 하면 안 된다.	35	30
	체벌	체벌을 하면 안 된다.	46	40
	자녀 미래 결정	부모는 자식의 장래 희망을 결정할 수 있다.	57	50
	외박	잠은 집에서만 자야 한다.	49	43
	TV 시청	가정에서 티브이(TV)를 없애야 한다.	78	68
사회 (17)	CCTV 설치	CCTV 설치를 확대해야 한다.	82	71
	사면 제도	사면 제도를 폐지해야 한다.	91	79
	보신탕	개고기를 먹으면 안 된다.	103	90
	당류 제한	사탕이나 과자는 부모 허락 없이 자유롭게 먹어도 된다.	65	57
	주택	단독 주택이 아파트보다 살기에 더 좋다.	76	66
	젠더 갈등	우리 사회는 남녀 불평등이 존재한다.	57	50
	대중문화	힙합 장르 음악을 들어도 된다.	99	86
	사형 제도	사형 제도를 폐지해야 한다.	108	94
	통일	통일은 꼭 해야 한다.	72	63
	연예계 진출	초등학생은 연예계로 진출하면 안 된다.	41	36
	동물원 폐지	동물원을 없애야 한다.	103	90
	동물 실험	동물실험을 허용해야 한다.	74	64
	대형마트 폐지	전통 시장보다 마트가 더 좋다.	76	66
	아르바이트	초등학생도 자유롭게 중고 거래를 할 수 있다.	34	30

	결혼제도	결혼은 꼭 해야 한다.	95	83
	돈	돈이 없어도 행복할 수 있다.	106	92
	경쟁	경쟁은 필요하다	51	44
교과 (5)	평화	먼저 놀리거나 시비 건 친구를 때려도 된다.	71	62
	환경	AI교육을 도입해야 한다.	110	96
	경제	부자는 세금을 더 내야 한다.	64	56
	정치와 법	범죄를 저질렀을 때 청소년도 어른처럼 처벌받아야 한다.	80	70
	수학	수학 교과는 필수가 아닌 선택으로 바꾸어야 한다.	112	97

115명의 학생들의 관심 있는 주제를 분석한 결과 가정 관계 영역에서는 스마트폰 사용 문제 110명(96%), 중독 문제 109명(95%) 순으로 나왔다. 사회 이슈와 관련해서는 사형 제도 108명(94%), 개고기 식용과 동물원 운영 103명(90%) 순으로 나타났다. 교과 관련성에서는 수학 112명(97%), 환경 110명(96%), 정치와 법 80명(70%) 순이었고, 일상생활과 관련해서는 외모 112명(97%), 이성 교제 111명(96%), 플라스틱 사용 108명(94%) 순으로 정리됐다. 종합하면 학생들은 수학, 외모, 스마트폰과 이성교제 순으로 관심이 높았다는 사실을 알 수 있었다.

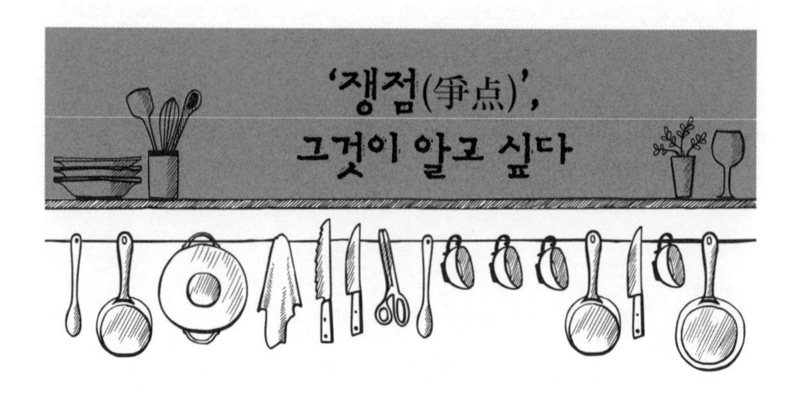

'쟁점(争点)', 그것이 알고 싶다

쟁점이란, 찬성과 반대 양측의 주장이 엇갈리는 지점을 말한다. 이는 찬반 입장에서 서로 다투게 하는 물음과 같다. 그래서 찬성과 반대 입장에서 각각 다른 형태의 답변이 나온다. 찬성 입장에서 '예'라면, 반대 입장에서 '아니오'의 형태로 설명된다. 그렇지 않으면 디베이트가 성립되지 않는다. 즉 쟁점 없이는 디베이트를 할 수 없다. 그래서 여러 가지 쟁점 중 반드시 하나는 설정하고 가야 한다.

쟁점은 일반적으로 명사형으로 주어지지만, 서술문이나 의문문이어도 괜찮다. 초등학생에게 추천하는 건 '의문문'의 형태다. 왜냐하면, 질문에 대한 대답을 하면서 자신의 주장을 세워나갈 수 있기 때문이다. 가장 많이 나오는 쟁점 질문으로는 '좋은 점이 있는가? 중요한가? 지속 가능한가? 해결 가능한가? 대안이 있는가?' 등이다.

다음의 내용에서 쟁점이 무엇인지 찾아보자.

"복도를 서로 엇갈리게 지나가는 두 친구가 있습니다. 한 친구가 실수로 다른 친구 어깨를 치고 그냥 지나쳤습니다. 아무 이유 없이 지나가다 맞은 친구는 사과 없이 그냥 가는 녀석 때문에 짜증이 났습니다. 그래서 뒤따라가 그 친구를 뒤에서 세게 밀어 넘어뜨렸습니다. 왜 밀었냐고 따지니 네가 먼저 어깨를 치고 미안하다는 말없이 그냥 갔지 않냐고 했습니다."

실수로 다른 친구 어깨를 치고 그냥 지나친 친구	쟁점 질문	뒤따라가 뒤에서 세게 밀어 넘어뜨린 친구
"모르고 지나가다가 그랬어."	누가 먼저 원인을 제공했는가?	"네가 먼저 내 어깨를 치고 지나갔잖아."
"넘어져서 몸에 상처가 났잖아."	누가 어떤 피해를 더 많이 받았는가?	"기분이 정말 나빴어."

전쟁에서 승리하려면 유리한 지점을 선점해야 하듯이 쟁점 역시 마찬가지다. 어떤 쟁점이냐에 따라 나에게 유리할 수도 있고, 불리할 수 있다. 예를 들면 어깨를 치고 그냥 지나친 친구는 '원인 제공'보다는 '피해의 강도'로 쟁점을 잡아야 유리하다. 왜냐하면 원인 제공을 먼저 했지만 친구에게 밀려 몸에 상처가 났기 때문이다. 반면 먼저 피해를 받은 친구는 '누가 어떤 피해를 더 많이 받았는가'보다는 '누가 먼저 원인을 제공했는가'로 쟁점을 잡아야 유리하다. 이처

럼 입장별로 가능한 유리한 쟁점이 있다. 그리고 디베이트를 하다가 여러 쟁점들이 나올 수 있는데, 시간 낭비를 하지 않기 위해서 덜 중요하지 않은 쟁점은 과감하게 버릴 줄 알아야 한다.

또 다른 사례를 살펴보자. 만약 "별명을 부르면 안 된다"는 메뉴를 가지고 요리를 한다면 다음과 같은 쟁점을 생각해볼 수 있다.

찬성	쟁점 질문	반대
별명을 부르게 되면 기분이 나쁠 수 있다.	별명을 듣는 친구의 기분이 상하지 않을까?	멋진 별명은 기분이 좋다.
외모를 비하하거나 친구의 이름을 이상하게 바꿔 별명을 부르면 오히려 친구와의 관계가 더 안 좋아질 수 있다.	별명을 부르게 되면 친구 관계가 좋아질까?	친근감을 담아 별명을 부르면 친구와 사이가 더 좋아질 수 있다.
이상한 별명의 경우 안 좋은 기억을 남긴다.	별명은 어떤 기억을 남길까?	좋은 별명은 많은 사람들이 나를 오래도록 기억하게 해준다.

예를 들어 첫 번째 쟁점을 '별명을 듣는 친구의 감정이 상하지 않을까?', 두 번째 쟁점을 '별명을 부르게 되면 친구 관계가 좋아질까?', 세 번째 쟁점을 '별명은 어떤 기억을 남길까?'로 정했다면, 이어지는 주장하기, 반론하기, 재반론하기, 정리하기는 크게 어렵지 않다. 세 가지 쟁점 질문에 대한 찬반의 논거를 자녀의 수준에 맞춰 다양하게 마련하면 된다.

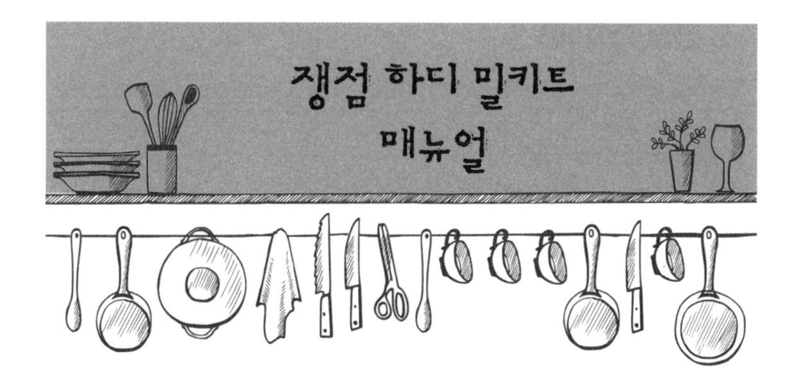

1. 개념 & 질문 하브루타

1) 메뉴 선택 배경 설명 : 자녀와 상의해서 메뉴를 선택하고, 생각해 봐야 할 점을 논의한다.

2) 개념 탐구 : 메뉴에 있는 낱말 뜻을 명확하게 이해한다.

3) 쟁점 질문 : 찬성과 반대 입장에서 서로 다투는 질문을 한다.

4) 찬반 입장 : 찬반 결정과 발언의 순서에 대한 선택권을 자녀에게 먼저 주거나 동전던지기나 가위바위보 등을 통해 정해본다.

5) 자료 탐색 : 자신이 직접 겪은 경험과 사례를 탐색하고, 자신의 주장을 증명할 수 있는 기사 자료를 탐색한다.

2. 쟁점 디베이트

하디 아빠 TIP

쟁점 하디 밀키트는 '쟁점'만 있다면 대화가 가능합니다. 어떤 공식이 있는 건 아니기 때문에 점차적으로 그 틀에서 벗어나세요. 자칫 이 책에서 소개한 틀에 계속 맞추다 보면 자녀와의 대화가 형식적으로 빠져버릴 수 있기 때문입니다. 참고로 (예1)에서 (예3)으로 갈수록 자연스러워지는 것을 느끼실 수 있을 것입니다.

(예1) 매뉴얼대로 따라한 사례입니다./ 스마트폰 사용 시간제한 앱을 놓고 하아와 디아가 쟁점 디베이트를 진행했습니다.

(예2) 매뉴얼에서 조금 벗어나 자연스럽게 해본 사례입니다./ 반려견을 키우는 문제를 놓고 아빠와 은결이가 쟁점 디베이트를 진행했습니다.

(예3) 매뉴얼에서 완전히 벗어나 자연스럽게 해본 사례입니다./ 늦잠을 자고 싶은 자녀와 아빠가 쟁점 디베이트를 진행했습니다.

[주장하기]

1) 입장을 정한 후 주제에 대한 자신의 주장과 근거를 펼쳐 본다.

2) 입장, 주장, 이유, 근거를 다음과 같이 구분했다.

· 입장 - 주제에 대한 찬성과 반대

· 주장 - 내가 말하고자 하는 핵심 생각 / 쟁점 질문에 대한 찬성

과 반대 입장에서의 대답

· 이유 - 주장을 뒷받침하는 또 다른 주장

· 근거 - 이유를 증명할 수 있는 자료

①저는 ○○라고 생각합니다. 왜냐하면, ○○라고 생각하기 때문입니다.

②제가 경험한 바로는 / ○○에 따르면 / 예를 들면

③그래서 저는 ○○라고 생각합니다.

예1 저는 부모님이 자녀의 스마트폰 사용 시간제한 앱을 사용해서는 안 된다고 생각합니다. 왜냐하면 그것은 자녀를 불신하는 것이기 때문입니다. 제가 경험한 바로는 대화를 통해 사용 시간을 정하지 않고 인위적으로 앱으로 제한했을 때 불만이 쌓이고, 관계도 안 좋아졌기 때문입니다. 그래서 저는 시간제한 앱을 사용하지 않고 자녀와 대화하면서 적절한 시간을 정하는 것이 낫다고 생각합니다.

예2 아빠. 반려견을 집에서 키워보고 싶어요. 왜냐하면 반려견을 키우면 얻는 것이 더 많다고 생각하기 때문이에요. 제가 경험한 바로는 반려견을 키우는 친구는 반려견과 교감하면서 더 많이 행복해 보이더라고요. 그래서 반려견을 집에서 키워보고 싶어요. 허락해주면 안 될까요?

예3 아빠. 저는 청소년들의 수면권을 보장해줘야 한다고 생각해요. 사람은 일생의 3분의 1을 잠을 자면서 보낸다고 해요. 수면은 몸의 피로를 회복시켜주고 생체리듬을 유지해주기 때문에 충분한 시간 동안 수면을 취하는 것은 건강에 도움이 된다고요.

[반론하기]

1) 반론은 상대방의 주장에 대한 문제점을 지적하거나 반대 의견을 제시하는 것이다.

2) 부분적으로 동의할 수 있다.

3) 만약 전체를 동의하게 된다면 디베이트는 거기서 끝나게 된다.

4) 핵심은 상대방의 주장에 반대 생각을 말한다는 점이다.

5) 상대방 주장에 대한 잘못된 것을 확인하기 위한 질문도 좋다.

①○○은(는) ○○한 이유로 ○○한 주장을 했습니다.

②아래 둘 중 선택

· ○○의 주장에서 ○○점에서 충분히 동의가 되지만 ○○점은 동의가 되지 않습니다. 왜냐하면 ○○잘못된 점이 있다고(○○문제라고) 생각하기 때문입니다.

· ○○의 주장은 동의가 되지 않습니다. 왜냐하면 ○○(라)고 생각하기 때문입니다.

③제가 경험한 바로는 / ○○에 따르면 / 예를 들면

예1 디아님은 불만이 생기고 관계가 안 좋아진다는 이유로 부모님이 자녀의 스마트폰 사용 시간제한 앱을 사용해서는 안 된다고 주장하셨습니다. 디아님의 주장에서 일방적으로 제한해서 불만이 생긴다는 점은 동의가 되지만, 관계가 안 좋아진다는 점은 동의가 되지 않습니다. 왜냐하면 얼마든지 자기가 조절하면 해결되는 문제라고 생각하기 때문입니다. 예를 들면 SNS와 유튜브를 보느라 학교 과제를 못하는 경우도 있습니다.

예2 은결이가 반려견과 교감하면서 행복해하는 친구를 보고 반려견을 키우고 싶어하는 마음은 공감이 돼. 하지만 반려견을 키우게 되면 얻는 것이 많다는 점은 동의가 되지 않아. 왜냐하면 반려견을 키우면서 할 일이 많아지면 은결이가 얻는 것보다 책임져야 할 일이 많아질 것 같거든. 예를 들어 매일매일 계속 데리고 다니면서 산책시켜줘야 할 텐데 가능해?

예3 물론 아빠도 수면이 얼마나 중요한지 알아. 그런데 일상생활을 유지하기 위한 수면시간은 7, 8시간 정도면 충분하다고 생각해. 이런 시간을 적정수면시간이라고 하던 것 같은데. 문제는 적정수면시간을 과하게 넘기는 게 문제라고 생각해. 예컨대 아빠 학교에서 학생들이 늦잠을 자다가 지각하는 사례들이 많거든.

[재반론 하기]

1)상대방의 반론과 질문에 대해 반응하는 것을 말한다.

2)불분명한 부분을 다시 질문을 통해 확인할 수도 있다.

3)정해진 시간 동안 여러 번 반복할 수 있다.

①○○은(는) ○○한 이유로 ○○한다고 반론했습니다.

②아래 둘 중 선택

· ○○의 반론에서 ○○점에서 충분히 동의가 되지만 ○○점은 동의가 되지 않습니다. 왜냐하면 ○○잘못된 점이 있다고(○○문제라고) 생각하기 때문입니다.

· ○○의 반론은 동의가 되지 않습니다. 왜냐하면 ○○(라)고 생각하기 때문입니다.

③제가 경험한 바로는 / ○○에 따르면 / 예를 들면

예1 하아님은 자기가 조절하면 해결된다라는 이유로 부모님이 자녀의 스마트폰 시간제한 앱을 사용해야 한다고 반론했습니다. 하아님의 반론에서 자기가 조절하면 된다는 점에서 충분히 동의가 되지만, SNS와 유튜브에 빠져 학교에서 내준 숙제를 하지 못했다는 점은 동의가 되지 않습니다. 왜냐하면 숙제를 하지 못한 이유가 SNS와 유튜브 때문만은 아닌데, 꼭 SNS와 유튜브 때문에 못했다고 보는 건 잘못되었다고 생각하기 때문입니다. 예를 들면 팀별 숙제를 위해 친구와 SNS를 하기도 합니다.

예2 아빠 말대로 얻는 것보다 할 일이 많아진다는 점에서 인정해요. 하지만 그렇다고 반려견을 키우면 안 된다는 아빠의 주장은 동의가 되지 않아요. 왜냐하면 아빠도 책임감을 가지고 함께 키우면 되잖아요. 그리고 혼자 방치되지 않도록 계속 데리고 다닐 거예요. 제가 경험한 바로는 아빠는 '하고자 하면 방법을 찾는다'고 자주 말씀하셨잖아요. 아빤 계속 안 좋은 점만 찾으시는데 좋은 점을 찾아보면 안 되나요? 그리고 아직 일어나지 않은 미래를 가지고 판단하는 건 잘못된 거라고 생각해요.

예3 적정수면 시간은 나이에 따라 다를 수 있다고 생각해요. 예를 들어 신생아 같은 경우는 하루 종일 거의 수면 상태로 있잖아요. 그렇다고 제가 신생아는 아니지만 저와 같은 어린이나 청소년들은 성인에 비해 더 많은 수면시간이 필요해요. 잠을 자는 동안 '성장호르몬'이 분비되기 때문이에요. 한국청소년정책연구원이 낸 기사에 따르면 고교생 평균 수면시간은 한국인 적정 수면시간이라고 알려진 하루 7, 8시간에 훨씬 못 미치는 5시간 27분, 초등학생의 수면시간은 8시간 19분, 중학생은 7시간 12분으로 나타났어요. 이러한 청소년의 수면 부족은 저의 성장에도 큰 영향을 미친다고요.

[정리하기]

1) 정리하기는 마지막으로 자신이 강조하고 싶은 점을 말한다.

2)문제, 현상, 사건을 바라보는 관점은 다를 수 있다.

3)마지막 입장 선택은 기존의 입장을 유지해도 된다.

4)자신의 입장을 철회하고 상대의 입장을 수용할 수 있다.

①오늘 대화 주제는 ○○문제였습니다.

②아래 둘 중 선택

· ○○가 주장했던(제시했던) ○○핵심이나 해결책은 제가 주장했던 ○○핵심이나 해결책보다 설득력이 떨어져 보입니다. 근거로 ○○을 들 수 있습니다.

· ○○가 주장했던(제시했던) ○○핵심이나 해결책이 제가 생각했던 ○○핵심이나 해결책과 공통되는 부분이 많아 동의가 되었습니다.

③아래 둘 중 선택

· 그래서 저의 최종 입장은 ○○입니다.

· 그래서 저의 입장을 바꾸었습니다.

예1 오늘 대화의 주제는 부모님이 스마트폰 사용 제한 문제였습니다. 디아님이 주장했던 자기가 조절할 수 있다는 해결책은 제가 주장했던 스마트폰 사용 앱을 깔아 제한해야 한다는 해결책보다 설득력이 떨어져 보입니다. 그 근거로 팀별 숙제가 매일 있는 것은 아닐 텐데, 매일 스마트폰으로 SNS와 유튜브를 사용하는 모습을 보았기 때문입니다. 그래서 저의 최종 입장은 부모가 앱을 깔아서라도 스마트폰 사용을 제한해야 한다입니다.

예 2 하하. 맞아. 오늘 사실 아빠도 키우고 싶다면 방법을 찾아보겠지. 그런데 솔직히 말하면 아빠는 키울 자신이 없어. 너 키우기도 버거운데 누굴 더 기르겠니. 어떤 생명을 다룬다는 것은 그만큼 책임이 따르는 법이야. 대신 은결이가 어떤 동물을 기를지 정하고 여러 방법으로 조사해서 그 동물이 좋아하는 환경, 특성, 먹이, 위생관리, 건강관리, 주의사항, 생길 수 있는 어려움과 방법들을 알아 온다면 아빠가 고려해볼게.

예 3 그런데 문제는 왜? 수면시간이 부족한지를 봐야 하지 않을까? TV나 유튜브를 본다거나 게임을 한다거나 이런 이유로 수면시간이 부족하다면 스스로 절제하고 일찍 잠자리에 들어야 하지 않을까? 물론 학교에 다닐 때는 과제 때문에 늦게 잔다고 해도 방학 기간 동안에는 규칙적인 수면습관을 가졌으면 좋겠어.

하디 아빠 TIP

디베이트 할 때 '동의'라는 말이 자주 등장합니다. 이것은 상대 생각을 100% 공감하지 않아도 쓸 수 있습니다. 상대 의견이 이해가 되고 수용할 수 있다면 '동의합니다.'라고 표현할 수 있습니다.

3. 하디 디저트 밀키트

1)소감: 질문을 서로에게 던지며 이야기 나눠본다.

· 오늘 대화에서 가장 기억나는 게 뭘까요?

· 오늘 대화에서 느낀 점이나 가장 재미있거나 인상 깊었던 것은 무엇인가요?

· 오늘 보고 느낀 것을 어떻게 실천할 수 있을까요?

· 오늘 대화에서 궁금한 것은 없었나요?

· 나의 의견과 생각이 바뀌었나요? 등등.

2)에피소드: 각 가정의 하브루타 디베이트 과정에서 발생했던 에피소드를 서로 나눠본다.

3)참고자료: 찾았던 자료를 노트에 기록한다.

4)참고질문: 메뉴와 관련된 다양한 연속 질문을 노트에 기록한다.

5)추가활동 아이디어

· 주제와 관련된 장소를 가본다.

· 시를 쓰거나 그림을 그려본다.

· 공작물을 만들어 본다.

· 상상하는 글쓰기를 한다. 등등.

메뉴 1 동물 실험을 허용해야 한다.

대상 : 10세 이상 | 시간 : 10분 | 주제 관심도 : ★★★☆☆ | 난이도 : ★★★☆☆

1. 개념 & 질문 하브루타

엄마 은우야, 비건(Vegan)에 대해서 들어본 적 있니? 비건은 채식주의자를 뜻하는데 동물성 음식을 전혀 먹지 않는 사람들이야. 요즘에는 비건 화장품까지 나왔단다.

은우 아! 맛있는 스테이크와 삼겹살을 먹지 않는 거네. 비건은 고기를 먹지 않는 사람들인데, 비건 화장품은 뭐야?

엄마 비건 제품에는 어떤 동물 성분도 들어가지 않는 것이 원칙이야. 그래서 비건 화장품은 동물 실험을 하지 않아. 동물성 원료 대신 친환경 자연 성분만을 사용하고 있어.

은우 자연 성분을 사용한다고는 하지만 동물 실험을 하지 않으면 사람한테 위험한 것 아니야?

2. 쟁점 디베이트

은우 신문 기사를 찾아보니 1960년대 유럽에 탈리도마이드 사건이 있어. 탈리도마이드는 임산부들의 입덧 방지용 약의 성분인데 동물 실험 결과에서 있었던 부작용을 숨겨서 전 세계에서 1만 명이 넘는 기형아가 생긴 사건이야. 그런데 이 일이 밝혀진 것은 미국식품의약국(FDA)의 프랜시스 올덤 켈시라는 사람이 안전성 검증을 위해 동물 실험 결과서와 임상 실험 결과를 살펴보다가 위험성을 발견했기 때문이었어. 동물 실험을 하지 않았다면 더 많은 기형아와 피해자들이 나왔을 거야.

엄마 그래, 동물 실험을 하지 않아서 그 결과를 알지 못했다면 더 많은 사람들이 피해 입는 것을 막지 못했을 거야. 그런데 사람에게 이렇게 유해한 성분을 동물들에게 주입하면 동물들도 몹시 괴롭고 힘들지 않을까? 화장품 테스트는 안구 자극 동물 실험을 한대. 토끼의 한쪽 눈에만 테스트할 물질을 넣고 21일간 충혈되는지, 안구 손상이 있는지 테스트 물질을 넣지 않은 눈과 비교하는 거지.

은우 으, 생각만 해도 내 눈이 아픈 것 같아. 아프지 않게 테스트하는 방법들을 개발하면 되지 않을까? 고통받는 동물들한테 미안하지만 동물 실험이 없이는 약품이나 화장품 같이 사람들이 먹고 바르는 제품들의 안전성을 증명하기 쉽지 않을 것 같아.

엄마 최근에 비건 화장품 회사가 아니더라도 화장품 회사들마다 불필요한 동물 실험을 줄이기 위해서 동물 실험을 대체할 방법들을 연구하고 있다고 해. 하지만 은우가 말한 것 같이 꼭 필요한 의약품 실험을 위해서는 동물 실험을 해야만 하는 상황이야. 최근 3년 동안 180만 마리나 되는 동물들이 실험에 사용됐고 60%가 넘는 실험동물들이 안타깝게 죽어가고 있어.

은우 어서 빨리 동물 실험을 대체할 방법이 개발됐으면 좋겠어. 말도 하지 못하고 도망갈 수도 없는 동물들이 너무 불쌍해.

하디 아빠 TIP

디아 : 은우와 엄마의 대화에서처럼 주장에 대한 근거로 그 분야의 전문가의 말을 인용하거나 객관적으로 드러난 숫자를 근거로 활용하는 것은 주장을 튼튼하게 해줍니다. 왜냐하면 그 숫자는 많은 사람들의 경험을 축적한 자료이기 때문이에요.

하아 : 그럼 구체적인 자료를 활용하기 위해서는 자료를 찾는 시간이 필요하겠네요.

3. 하디 디저트 밀키트

[소감]

은우 신문 기사에 실린 통 속에 갇혀 머리만 밖으로 나와 있는 실험용 토끼 사진이 너무 충격적이었어. 동물 실험이라는 말은 들었지만 실제로 어떻게 진행되는지 관심이 없었거든. 많은 동물들이 사람들의 안전을 위해 죽어 간다는 것을 미처 알지 못했다는 것이 미안하고 동물 실험을 대체할 수 있는 신기술이 빨리 나왔으면 좋겠어.

엄마 엄마는 실험실 동물이 안타깝다는 생각에 치우쳐 동물 실험을 무조건 반대했어. 그런데 탈리도마이드 같은 사건 재발을 막기 위해서라도 동물 실험이 필요하다고 생각했어. 다만 신기술이 개발되면 동물 실험은 중단되어야겠지.

[추가활동 아이디어]

· 동물실험을 대체할 첨단 기술 찾아봅니다. 예)인체세포배양 등

· 동물실험 반대 포스터 만들기

[에피소드]

'비건(Vegan)'이라는 단어의 뜻을 함께 웹 사전에서 검색해보았다. 의견을 나눌 때 필요 단어나 적절히 사용되어야 하는 단어를 함께 찾아보고 우리 가족 사전을 만들어보는 시간을 갖자고 했다.

메뉴 2 비속어를 사용하면 안 된다.

대상 : 8세 이상 | 시간 : 10분 | 주제 관심도 : ★★★★☆ | 난이도 : ★★☆☆☆

1. 개념 & 질문 하브루타

엄마 은우야, 교실에서 아이들이 쓰는 말 중에 사용하지 말아야 된다고 생각되는 말이 있니?

은우 '어쩌라고' 하고 '앙 기모띠'라는 말이야. '앙 기모띠'는 '앙 기묘링'이라고 바꿔서 말해.

엄마 요즘 유튜버들이 인터넷에서 사용하는 비속어라고 하던데 교실에서도 아이들이 그런 말을 사용하는구나. 그런 말을 하는 친구에게 다른 친구들은 뭐라고 하니?

은우 일단 기분이 나쁘니까 하지 말라고 해. 그런 말을 할 상황이 아닌데 놀리는 것 같아서 화가 나는 말인 것 같아.

2. 쟁점 디베이트

엄마 은우야, 독일의 철학자 하이데거는 한 사람이 구사하는 언어가 그 사람이 어떤 사람인지를 나타내기 때문에 '언어는 존재의 집'이라고 표현했어. 말이 사람의 생각과 행동을 나타내고 보여준다는 것이지. 은우는 말이란 것이 뭐라고 생각해?

은우 말 한마디에 천 냥 빚을 갚는다는 말이 있잖아. 말 한마디로 사람들은 화가 나기도 하고 용서하기도 해. 같은 편이 되기도 하고, 다른 편이 되기도 하고.

엄마 그래, 말은 사람들이 살아가는 사회에서 무척 중요하지. '비속어'의 뜻은 '격이 낮고 속된 말'이래. 그런데 요즘 친구들이 사용했던 '어쩌라고'나 '앙 기모띠' 같은 비속어가 인터넷과 유튜브상에 넘쳐나고 있는 것 같아.

은우 한글의 이름 '훈민정음'은 '백성을 가르치는 바른 소리'라는 의미래. 요즘 우리는 한글이 만들어질 때 세웠던 뜻이랑 완전히 반대로 한글을 사용하고 있는 것 같아.

엄마 우리나라를 이끌어갈 청소년들이 바르고 정확한 말이 아니라 줄임말이나 은어, 비속어를 사용하며 말을 훼손하다 보면 생각과 정신도 흔들리게 될 수 있어. 일본이 한글 말살 정책을 쓴 이유가 바로 이것이기도 해. "한국 유년에게 일문 교과서를 익히게 하는 것은 어린아이의 뇌수를 뚫고 저 소위 일본 혼이라 하는 것을 주사하고자 함이다"라는 기사가 1906년 6월 6일자 〈대한매일신보〉에 실렸어. 말에는 사상과 생각이 들어 있기 때문에 말이 흔들리면 나라 혼이 흔들리게 되는 거지.

은우 다른 기사들을 읽어보니 '말 한마디가 때리는 상처가 칼보다 더 깊다', '혀는 칼날보다 강하다'라는 내용도 있어. 비속어 같은 나쁜 말은 마음에 상처를 남기는데 관계를 해치고 무엇보다 몸에 난 상처처럼 보이는 것이 아니라서 회복하기가 더 어려운 것 같아. 나한테는 나라의 혼이나 정체성 같은 내용은 아직 좀 어려워. 하지만 말의 힘이 있다는 것은 알 것 같아.

3. 하디 디저트 밀키트

[소감]

은우 '앙 기모띠'라는 말이 시작된 연유를 알고 깜짝 놀랐어. 지금까지는 친구들이 쓰니까 따라서 말하기도 하고, 아무 생각 없이 내뱉기도 한 말들이 생각과 행동까지 이어진다고는 생각하지 못했었어. 하지만 내가 하는 말 한마디가 우리나라의 미래까지 영향을 미친다고 생각하니 비속어는 사용하지 말아야겠다는 생각이 들어.

엄마 그래, 은우야. 말에는 힘이 있어. 살리는 말이 될 수도 있고 죽이는 말이 될 수도 있단다. 한마디를 말할 때도 이 말이 '나 자신이다'라는 생각을 한다면 사용하는 언어가 좋아질 수 있을 거야. 유튜브에서 비속어를 사용하는 어른들도 무분별하게 따라 하는 어린이들도 말의 뜻을 잘 알아보고 생각하며 사용했으면 좋겠어.

[추가활동 아이디어]

한글박물관을 방문하여 한글 창제의 기본 원리와 한글의 우수성을 배워봅니다.

하디 아빠 TIP

디아 : 주제와 관련해서 충분히 대화를 나누고 직접 주제와 관련된 기관을 찾아 체험하는 건 정말 좋은 아이디어인 거 같아요.
하아 : 맞아요. 현장 체험 활동은 자녀가 보고 느끼면서 이해를 돕고 새로운 지식을 얻을 수 있어요.

[에피소드]

반 아이가 화가 나면 '엿 먹어라!'라는 말을 사용한다고 해서 그 어원을 찾아보았다. 1964년 중학교 신입생 선발 시험에서 '엿기름 대신 넣어서 엿을 만들 수 있는 것은 무엇인가?'라는 문제가 발단이었다고 한다. 답은 1번 디아스타제였으나 4번 무즙도 엿을 만들 수 있어 4번을 선택하여 틀린 수험생 학부모들이 시험 문제에 항의하면서 무즙으로 엿을 만들어 교육청에 찾아가 '무 엿 먹어라!'를 외쳤다고 한다. 그래서 이 이야기를 들은 은우가 다음 날 학교에 가서 그 친구에게 이 말이 만들어진 내용을 설명해 주고 "치맛바람 일으키는 아주머니들이 자기 자식 위하려고 한 말이래"라고 말해줬더니 그 아이가 멋쩍어하며 웃었다고 한다. 그 후 그 말을 다시 사용하는 것도 보지 못했다고 한다. 5학년 수준의 설명으로 뜻은 절반만 전해졌으나 또 같은 5학년 친구가 찰떡같이 알아듣고 비속어를 사용하지 않았으니 말의 뜻과 어원을 살펴보는 것이 효과가 있는 것 같다.

메뉴 3 공부를 잘해야 성공한다.

대상 : 10세 이상 | 시간 : 10분 | 주제 관심도 : ★★★★★ | 난이도 : ★★★★☆

1. 개념 & 질문 하브루타

엄마 은우야, 공부를 잘하지 못하면 어떻게 될 것 같아?

은우 원하는 직업을 갖거나 하고 싶은 일을 하지 못하게 돼.

엄마 공부를 잘해서 원하는 일을 하는 것이 성공이라고 말할 수 있을까?

은우 열심히 노력한 성과를 얻은 것이기 때문에 당연히 성공이라고 할 수 있지.

엄마 은우가 생각하는 성공은 노력한 것에 대한 성과를 얻는 것이구나.

2. 쟁점 디베이트

엄마 어제 엄마랑 덕수궁 중명전과 배재학당 역사박물관을 다녀왔잖아. 덕수궁 중명전에서 을사늑약을 체결하고 나라를 버린 을사오적들도 당시에 최고의 교육을 받은 수재들이었어. 공부도 잘했고 원하는 직업도 얻었고 하고 싶은 대로 나라까지 일본에 넘긴 사람들이었지. 그런데 그들이 과연 '성공했다'라고 말할 수 있을까?

은우 아, 성공을 그저 공부 열심히 해서 얻은 성과라고만 하는 것은 아닌 것 같아. 을사오적은 그 사람들 개인적으로 봤을 때 성공이라고 할 수 있겠지만, 우리나라와 국민들 입장에서 보면 나라를 팔아먹은 실패자야.

엄마 배재학당을 세워 우리나라 사람들을 교육시키고 많은 도움을 주셨던 아펜젤러 선교사님은 44세에 목포에 성경학회에 참석하러 배를 타고 가다가 배가 전복되어 물에 빠진 여학생을 구하시다가 돌아가셨어. '어떻게 이렇게 허무하게 돌아가실 수 있지?' 할 수 있지만 엄마는 아펜젤러 선교사님의 삶을 성공한 삶으로 기억하고 있어. 은우는 어떻게 생각해?

은우 선교사님은 돌아가실 때까지 다른 사람의 생명을 위해 자기 생명을 희생하셨잖아. 그 모습을 보면서 성공을 한 개인의 성공과 모두를 위한 것으로 나누어서 생각해보게 됐어. 나 개인을 위한 성공은 내가 하고 싶은 일을 이루는 것이야. 하지만 다른 사람들과 함께하는 성공은 나만이 아니라 다른 사람들에게도 좋은 일을 하는 것이야. 더 나아가서 자신의 성공보다는 다른 사람들을 먼저 도울 수 있는 것이 더 큰 성공인 것 같아.

엄마 다른 사람들에게 좋은 일을 해주는 것은 공부를 꼭 많이 하지 않아도 할 수 있어. 지저분한 거리를 치우거나 정돈하는 청소나 슬퍼하는 사람을 좋은 말로 위로할 수 있지. 자신이 가진 것을 나눠 줄 수도 있고. 그런데 다른 사람들을 교육하거나, 치료하면서 전문적인 도움을 주려면 스스로 먼저 공부를 열심히 해야 하지. 또한 전문적인 기술과 방법을 익혀서 능숙해져야 해. 무엇보다도 성공에 대한 올바른 정의를 마음에 품는 것이 중요하다고 생각해.

하아 : 자녀들은 무엇을 할 때 재미있다고 할까요?
디아 : 여러가지문제연구소의 김정운 소장은 재미를 관점 전환 기술이라고 정의하고 있어요. 관점이 자주 전환될 때 재미가 극대화된다는 뜻이에요. 마치 싸움 구경이 구경거리로는 최고로 재미있는 이유가 바로 관점이 계속 바뀌어 간다는 점에 있는 거죠.
하아 : 자녀들로 하여금 관점을 자주 전환 시켜 흥미와 궁금증을 유발시켜 주는 건 좋은 방법이네요.

3. 하디 디저트 밀키트

[소감]

은우 다른 사람을 먼저 생각할 수 있는 것이 공부보다 성공의 우선 조건인 것 같아. 생각도 넓히고 공부도 열심히 해서 아펜젤러 선교사님 같은 성공한 삶을 살고 싶어. 을사오적 같은 부끄러운 역사를 보며 공부 잘하는 것이 성공의 조건이 아니라는 것을 알았어.

엄마 은우의 생각이 개인적인 성공에서 다른 사람을 위한 성공으로 넓어진 점이 기뻐. 공부를 잘하는 것도 중요하지만 무엇을 위해 공부하는지를 잊지 않았으면 좋겠어.

[추가활동 아이디어]

덕수궁 중명전에 앉아 이토히로부미와 을사늑약을 체결한 대신들과 헤이그 특사로 갔던 열사들, 배재학당 역사박물관 안에 명예의 전당에 명단이 올라간 위인들을 비교해 본다.

하디 아빠 TIP

디아 : 하아님, 공부란 무엇이라고 생각하나요?

하아 : 공부는 정지된 변화가 없는 문자와의 싸움이라고 생각해요.

디아 : 공부는 멈춰 있는 문자에 생명을 불어넣는 일이라고 생각해요.

하아 : 맞아요. 그 의미를 살려내는 작업이 되었으면 좋겠네요.

[에피소드]

생각도 넓히고 공부도 열심히 해서 다른 사람들을 돕는 사람, 다른 사람들을 이롭게 하는 삶을 살고 싶다는 결론에 도달하였지만 당장 눈앞에 숙제를 힘들어하는 은우를 보며 생각과 행동이 함께 가는 것이 이렇게 어려운 일이라는 것을 느낀다.

하디 아빠 TIP

하아 : 당장 눈앞에 숙제를 힘들어하는 은우의 마음이 공감돼요.

디아 : 네. 이런 경우에는 일단 아이에게 공감을 해주고 그럴 수 있다고 이야기를 해주면 좋을 것 같아요.

하아 : 따뜻한 시선으로 바라보면 아이 스스로 자신이 뭘 해야 될지, 어떻게 해야 될지 찾아갈 거예요.

메뉴 4 플라스틱 사용을 금지해야 한다.

대상 : 10세 이상 |시간 : 10분 | 주제 관심도 : ★★★★★ | 난이도 : ★★★☆☆

1. 개념 & 질문 하브루타

엄마 은우야, 요즘 'No플라스틱' 캠페인이 많은 곳에서 일어나고 있어. 어떤 가족은 수년 동안 집에서 플라스틱 용품을 사용하지 않고 있대. 은우는 플라스틱 없이 살 수 있을까?

은우 글쎄? 플라스틱으로 만들어진 것이면 생수통, 음식 용기, 컵, 주방용품들이 먼저 떠올라. 아! 배달 음식 용기 같은 것도. 이런 용기들이 없다면 많이 불편할 것 같아.

엄마 그러게. 엄마도 가벼운 플라스틱 반찬통이 아니라 유리그릇을 사용하려면 무거워서 편하게 사용하지 못할 것 같아. 그런데 주방용품 말고도 은우가 좋아하는 캐릭터 미니어처 인형이나 예쁜 모양 펜, 샤프, 자 같은 학용품들도 플라스틱으로 만들어졌지.

은우 그러네. 엄마! 플라스틱을 사용하지 않는다면 우리 집 물건 중에 남는 것이 별로 없을 것 같아.

2. 쟁점 디베이트

엄마 2009년에 만들어진 〈플라스틱 행성〉(Plastic Planet, Werner Boote)이라는 오스트리아 환경 다큐멘터리를 보면 '우리는 플라스틱 시대의 아이들이다'라고 말하는 내용이 나올 정도로 1907년도에 플라스틱이 이 세상에 나온 후부터 사람들은 태어날 때부터 죽을 때까지 플라스틱과 함께 살아가고 있어. 집 안에 수많은 것들이 모두 플라스틱으로 되어 있지. 그럼에도 많은 사람들이 플라스틱을 사용하지 말자고 해. 그 이유를 은우도 알고 있지?

은우 응, 학교에서 탄소 발자국 줄이기 운동을 하면서 플라스틱 쓰레기로 지구가 어려움에 처했다는 것을 배웠거든. 플라스틱이 분해되는데 100년이 넘는 시간이 걸리기 때문에 지구 곳곳에 플라스틱 섬이 생기고 토양도 수질도 미세 플라스틱으로 오염되고 있어. 미세 플라스틱은 사람들의 몸과 해양 생물들 몸에 쌓여서 없어지지 않는다고 해.

엄마 그래 은우야, 플라스틱을 사용한 100년 동안 우리는 그걸 어떻게 사용할지만 생각했지 영구적인 처리 방법까지는 생각하지 못한 것 같아.

은우 엄마, 우리가 집에 있는 플라스틱을 모두 버린다고 이 문제가 해결될까? 집집마다 집에 있는 플라스틱 제품을 모두 버리고 친환경 제품으로 대체하면 버려진 쓰레기는 어디로 가게 될까?

엄마 어딘가에 썩지 않는 플라스틱 쓰레기가 쌓이게 되고 환경 문제는 더욱 심해지지 않을까?

은우 맞아. 엄마! 선진국들이 개발도상국이나 저개발국가에 쓰레기를 수출하거나 몰래 버려서 국제적인 문제가 생겼어. 쓰레기를 많이 발생시키지 않는 가난한 나라에 부자 나라의 플라스틱 쓰레기들이 가득 쌓여 오염되고 있는 곳들이 많아지고 있잖아. 플라스틱을 100% 재활용하거나, 환경에 무해한 처리 방법 없이 무작정 '플라스틱 없는 삶'을 추구하면서 플라스틱 제품을 버리기만 한다면 쓰레기 산을 더 만들 뿐이야.

엄마 가볍고 값이 싼 플라스틱 제품을 획기적으로 대체할 친환경 제품과 이미 만들어진 플라스틱을 환경에 유해하지 않은 방법으로 분해하고 처리하기 위한 방법들이 전 세계적으로 연구되고 있어. 연구 결과들이 나올 때까지 더 이상의 플라스틱 쓰레기를 만들지 않도록 노력하고, 집에 있는 플라스틱 제품들이 쓰레기가 되지 않도록 잘 사용하는 것도 환경을 지키는 하나의 방법이 되지 않을까?

은우 좋아. 무조건 버리고 다른 제품으로 대체하기보다는 쓰레기가 되지 않도록 잘 사용하고 불필요한 플라스틱 제품은 사지 않도록 노력할게. 무조건 편하다고, 예쁘고 갖고 싶다는 이유로 물건을 사는 것을 자제하고 싶어. 회사에서 사람들이 사지 않는 물건은 만들어내지 않을 테니까.

3. 하디 디저트 밀키트

[소감]

은우 플라스틱을 사용하지 않는다고 해도 지금도 생산되고 있고, 이미 만들어져서 팔리고 있어. 섬이 되어 쌓여 있는 플라스틱을 어떻게 처리해야 하는지에 대해선 생각하지 못한 것 같아. 막연히 플라스틱을 사용하지 않으면 '지구 환경에 좋다'라는 생각만으로는 플라스틱 문제를 해결할 수 없어.

엄마 플라스틱 없이 사는 사람들에 대한 책이나 유튜브 영상을 보면서 '집에 있던 플라스틱 제품들은 다 어떻게 처리했을까?'라는 궁금증이 항상 있었어. 플라스틱을 사용하지 않을 수 있도록 값이 싸고 질이 좋은 친환경 대체 용품이 어서 빨리 나왔으면 좋겠어.

플라스틱을 친환경적으로 분해할 방법들도! 그전에 은우야 우리 Recovering(회수), Recycling(재활용), Reusing(재사용), Repairing(수선) 4R을 기억하고 지키도록 노력해보자!

하디 아빠 TIP

하아 : 플라스틱 없이 살 수 있을까요? 저희 가정은 힘들 것 같아요.
디아 : 저희 가정도 힘들 것 같아요. 그래서 은우네 가정에서 만약 플라스틱 없이 살아가기로 결정했다면, 실천해야 한다는 부담감이 있을 수 있을 것 같아요.
하아 : 네. 맞아요. 은우 엄마가 제안했던 방법이 너무 좋네요.

[추가활동 아이디어]

그린워싱(Green Washing): 친환경 위장술에 대해서 알아보고 생각 나눠 보기.

[에피소드]

마트에서 플라스틱 패키지에 담겨 있는 과일과 야채, 고기, 생선 등을 사면, 플라스틱 종류를 꼼꼼히 따져 보고 종류별로 묶으려고 노력한다. 재활용이 가능한 용기들은 다시 한번 사용하고 쓰레기가 되지 않게 애쓰고 있다.

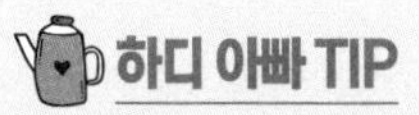

디아 : 어린아이들일수록 자신의 차례가 아니면 다소 산만해질 수 있을 것 같은데, 그럴 땐 혼을 내도 좋을까요?

하아 : 그때는 혼을 내거나 소리를 지르면 안 돼요. 관계에 금이 갈 수도 있어요. 그럼 지속적인 대화가 힘들어요.

디아 : 그럼 어떻게 하면 될까요?

하아 : 만약 자녀가 딴짓을 하거나 경청하지 않는 모습을 보이면 부모 중 한 사람이 주의를 주세요. 그런 다음 아이가 집중할 수 있도록 이야기를 멈추고 기다리면 자연스럽게 경청하게 될 거예요.

메뉴 5 동물원을 없애야 한다.

대상 : 8세 이상 | 시간 : 10분 | 주제 관심도 : ★★★★☆ | 난이도 : ★★☆☆☆

1. 개념 & 질문 하브루타

엄마 어느 동물원에서 코로나 때문에 동물원 운영이 어려워서 문을 닫고 동물들한테 사료도 주지 않고, 추운 날씨에 난방도 해주지 않고 방치했다가 동물보호 단체에 발각됐대.

은우 동물들을 사람들 마음대로 우리에 가둬두고 구경하다가 돈이 없다고 방치하는 건 너무 한 것 아니야? 이렇게 나쁜 사람들이 있다니. 정말 화가 나.

엄마 그러게. 더운 나라에 사는 동물들은 겨울나기가 어려웠을 텐데 먹이도 없고 마실 물도 없고 얼마나 고생했을까?

은우 사는 곳이 다르고 사는 방법도 다른 동물들을 한 곳에 모아 둔 것 자체가 잘못 아닐까?

2. 쟁점 디베이트

엄마 동물은 예전부터 재물과 권력의 상징이었어. 이집트에서는 왕과 귀족들이 권위를 나타내기 위해서 코끼리, 원숭이, 하마 등을 무덤에 함께 묻었어. 알렉산더 대왕은 전쟁에서 승리할 때마다 그 곳에 사는 특이하거나 처음 보는 동물들을 잡아서 스승인 아리스토텔레스에게 보내 연구하게 했대. 로마 시대에는 사자 여러 마리와 코끼리가 싸우게 하거나 전투사가 동물과 싸우게 하는 무시무시한 경기를 원형 극장에서 펼치기도 했지. 그러다가 1752년에 오스트리아에 유럽 최초로 동물원이 생기게 되는데 황녀 마리아 테레지아의 남편 프란츠 슈테판이 아프리카를 여행하면서 수집한 동물을 쇤부른 궁전에 모아 둔 것이 그 시작이야.

은우 생명과 생각이 있고 가족도 이루고 사는 동물들에게 사람들은 어째서 이런 일들을 한 것일까? 동물들에게 마음대로 하던 사람들은 사람들에게도 똑같이 했을 것 같아. 백성들을 착취하던 힘이 센 왕족들이나 전쟁을 벌여서 다른 나라 땅을 뺏은 사람들이 주로 동물들을 괴롭힌 것 같아.

엄마 맞아! 은우야. 그렇게 세계 곳곳에 동물원이 생기면서 독일의 하겐베크라는 사람이 야생동물을 잡아서 파는 원정대를 꾸려서 큰돈을 벌기 시작해. 그러다가 아프리카 원주민과 에스키모까지 데려와서 '사람 전시'까지 하게 되는데 결국 전시 중에 에스키모인들이 모두 죽어 비난이 커지자 '사람 전시'는 막을 내리게 돼.

은우 사람까지 전시를 했다고? 너무 충격적이야. 생명 경시라는 말을 이런 때 사용하는 것 맞지? 동물원은 생명이 있는 동물과 사람을 신기한 물건처럼 구경하는 데서 시작된 게 잘못인 것 같아.

엄마 맞아. 동물을 보호한다고 취해지는 조치도 동물 입장이 아니고 동물원을 바라보는 사람들의 생각에서 진행되는 것은 잘못된 시각이야. 사람이 전시되어 있다고 생각해보면 답은 바로 나오거든. 은우가 동물원에 전시되어 있다면 전시장을 살기 좋게 꾸며 주고 맛있는 것들을 시간에 맞춰 주더라도 거기서 계속 살고 싶겠니?

은우 당연히 아니지. 우리 집에서, 엄마랑 아빠랑 살고 싶지. 내가 가고 싶은 곳에 가고 내가 하고 싶은 것을 하고 내 친구들을 만나면서 자유롭게 살고 싶어. 동물원에 있는 동물들에게 아무리 좋은 시설을 준다고 해도 자기가 태어난 곳에서 가족들과 친구들과 함께 마음껏 뛰어노는 것만큼 행복하진 못할 거야.

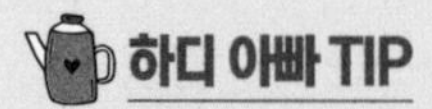

디아 : 대화를 나누다가 막힐 때는 어떻게 해야 할까요?
하아 : '은우가 ○○라고 말한 걸 엄마가 이해한 것이 맞지?', '은우야 네가 ○○라고 말한 점에 대해 조금 더 자세히 설명해줄 수 있니?', '엄마가 ○○라고 말한 부분을 잘 이해를 못 했는데 좀 더 쉽게 다시 한번 설명해 줄 수 있어?' 등 이렇게 질문을 통해 자연스럽게 진행할 수 있을 것 같아요.
디아 : 아, 좋은 방법이네요.

3. 하디 디저트 밀키트

[소감]

은우 동물원 안의 동물의 복지를 얘기하는 것이 동물원을 유지하겠다는 생각에서 시작한다는 것을 배우게 되었어.

엄마 동물을 정말 생각한다면 동물들이 자기 습성에 맞게 살아갈 수 있도록 고민해야 된다고 생각해. 모든 동물이 지어진 모습 그대로 마음껏 뛰어노는 날을 기대해봐.

[추가활동 아이디어]

가상현실(Virtual Reality) 또는 가상공간(Virtual Space) 동물원에 대해 알아보고 의견을 나누어본다.

[에피소드]

은우는 겨울 방학 동안 영국문화원에서 2주 동안 특강을 들었다. 수업을 듣는 교실은 1층에 있어 벽에 있는 큰 창의 커튼을 걷으면 교실 안이 보이는 구조다. 며칠 전 수업 중에 창 밖에서 고양이 두 마리가 교실 안을 들여다보았다. 그러자 원어민 선생님이 "고양이가 '사람들이 우리 안에 있어'라고 생각하는 것 같아.(Cats are thinking that people are in the cage!)"라고 말하자 아이들이 모두 웃었다고 한다. 그런데 은우는 '동물원을 없애야 한다'는 토론을 한 후여서 마냥 웃기지만은 않았다고 한다. 다른 존재가 나를 구경거리로 여긴다는 것은 달가운 일이 아니기 때문이다.

메뉴 6 친구의 별명을 부르면 안 된다.

대상 : 10세 이상 | 시간 : 10분 | 주제 관심도 : ★★★★☆ | 난이도 : ★★★☆☆

1. 개념 & 질문 하브루타

엄마 은우야, 블라디보스토크에 있는 최재형 선생님 생가에 갔을 때 '페치카 최'라고 불렸다는 설명 들었던 것 기억 나?

은우 응, 추운 러시아로 이주해 온 조선 사람들과 독립 운동가들을 도우셨던 분이어서 난로처럼 따뜻하게 '페치카(난로)'라는 별명이 생겼다고 들었어.

엄마 맞아. 잘 기억하고 있었네. 은우는 학교에서 별명이 있니?

은우 아니. 아직 별명이 없어. 다른 친구들도 별명이 별로 없어. 우리는 그냥 이름으로 불러.

2. 쟁점 디베이트

엄마 은우야, 엄마가 신문 기사를 읽었는데 어느 학교 아이들이 선생님을 '킹콩'이라고 부른대. 물론 '킹콩 쌤'이라고 할 때도 있지만 '킹콩'이라는 별명으로 부르는 거지. 또 다른 선생님은 '이 여사', 또 다른 선생님은 '이지(Easy) 쌤' 이라고 부르고. 엄마는 이 기사를 보고 놀랐어. 이 글을 쓰신 분이 바로 아이들에게 '킹콩'이라고 불리는 선생님이셨거든.

은우 선생님들께 우리도 '○○쌤' 하고 부를 때도 있는데 선생님을 별명으로 부르면 안 될 것 같아. 어른한테 별명을 부르면 왠지 버릇없이 보이거든.

엄마 그런데 이 '킹콩' 선생님은 아이들이 별명을 불러주면 학생들하고 관계가 수직적이지 않고 수평적으로 느껴져서 좋다고 해.

은우 별명에는 듣기 좋은 별명과 듣기 싫거나 불리지 않기를 바라는 별명이 있는 것 같아. '페치카' 별명처럼 불리는 사람의 마음에 든다면 괜찮을 것 같아.

엄마 은우 말대로 별명은 불리는 사람이 좋은 것과 싫은 것으로 구분하면 좋을 것 같아. 학교나 단체에서 친구나 동료를 별명으로

부를 때 그 사람이 좋아하는지, 싫어하는지를 아는 것이 중요하겠어. 자신을 마음대로 불러서 상처받는 사람들이 생길 수 있으니까.

은우 친구가 원하지 않는 별명을 부르는 건 좋지 않아. 하지만 친구들의 좋은 점을 드러내 줄 수 있는 별명이나 그 친구가 불리고 싶어 하는 별명을 불러주면 서로 기분도 좋을 것 같아.

3. 하디 디저트 밀키트

[소감]

은우 듣기 싫은 별명과 듣고 싶은 별명을 생각하면서 사람들이 함께 살아가려면 서로 싫어하는 것은 하지 않고 서로 원하는 것을 해 주는 것이 중요하다고 느꼈어.

엄마 종교 철학자 마틴 부버는 사람은 다른 사람과의 관계에서 비로소 자신을 한 개인으로 경험할 수 있다고 했어. 내가 상대방을 부르는 단어를 통해서 그 사람이 자기 자신이 누구인지를 알아 간다고 생각하니 누군가의 별명을 짓는다는 것은 특별한 일인 것 같아.

[추가 활동 아이디어]

유명인들이나 위인들의 별명을 찾아보고 왜 그런 별명을 얻게 되었는지 찾아본다.

[에피소드]

우리 가족도 별명을 지어보기로 했다. 아빠는 은우를 '말랑이' 엄마는 '귀염이'라고 부르고 싶어했지만 은우는 귀여운 느낌 나는 단어가 싫다고 한다. 대신 '미녀'라고 불리고 싶다고 한다.

하디 아빠 TIP

디아 : 호칭을 어떻게 하면 좋을까요? 저희가 제안한 건 '토론자'님이었는데요, 처음 토론을 시작하는 가정이 있다면 자연스럽지 못할 것 같아요.

하아 : 네. 맞아요. 그래서 토론자님이라고 부르기보다는 평소 부르는 호칭을 사용하다가 서로 별칭을 만들어 부르는 방법도 좋은 것 같아요. 서로가 원하는 별명을 부르는 건 서로에게 친밀감을 줄 수 있거든요.

메뉴 7 통일은 꼭 해야 한다.

대상 : 10세 이상 | 시간 : 10분 | 주제 관심도 : ★★★☆☆ | 난이도 : ★★★☆☆

1. 개념 & 질문 하브루타

엄마 은우야, 동해북부선 철도 공사가 시작되었대! 강릉에서 주문진, 38선을 지나, 양양, 속초, 간성, 화진포를 거쳐 군사분계선 바로 밑 남방 한계선이 있는 제진까지 연결되는 철도야. 동해북부선이 연결되면 드디어 부산에서 북한을 거쳐 러시아 블라디보스토크에서 시베리아 횡단 철도를 따라 유럽까지 가는 거야!

은우 지난번 블라디보스토크에 갔을 때 타봤던 시베리아 횡단 열차 맞지? 앗, 기억이 나! 가이드 선생님께서 앞으로 통일이 되어 러시아까지 철도가 연결될 때를 준비하고 있는 사람들이 많다고 하셨어. 그런데 엄마, 아직 우리가 북한으로는 들어갈 수 없잖아.

엄마 맞아. 그런데 현재 제진역에서 북방한계선 바로 옆에 강호역을 지나면 나오는 금강산역까지 이미 철도가 복원되어 있거든. 금강산역에서 두만강역까지 철도도 현재 운행 중이고. 우리 남한에서도 부산, 울산, 포항 구간철도가 운행 중이고 포항에서 삼척구간은 곧 완성될 거야. 삼척에서 강릉 구간 철도도 이미 운행 중이야. 철도는 이미 통일을 준비 중인 거지.

은우 아직 통일은 될 것 같지 않은데 몇 년 전부터 러시아 사람들도 우리나라의 통일을 기다린다고 들었어. 동해남부선, 동해중부선, 동해북부선까지 철도가 깔리고 있었던 게 신기해.

엄마 우리나라의 통일이 어떤 의미가 있길래 이런 준비를 할까?

2. 쟁점 디베이트

은우 5학년 여름방학에 통일교육원에서 통일에 대해 배우긴 했어. 남한의 기술력과 북한의 자원이 합해지면 우리나라 경제가 성장할 거라고 발표했지만, 사실 지금 남한은 혼자서도 잘하고 있는 것 같아. 북한은 남한보다 경제적으로 많이 어렵잖아. 통일이 되면 경제력 차이가 심해서 우리나라가 더 가난해지지 않을까?

엄마 그렇지. 은우 말처럼 남북한의 경제는 50배 이상 차이 나는 것 같아. 우리보다 먼저 통일을 이룬 독일의 경우만 봐도 동독과 서독의 경제 차이로 큰 어려움을 겪었어. 하지만 독일은 계속해서 동독과 서독의 차이를 줄이면서 사회통합을 이루기 위해 노력했지.

은우 외국에서는 우리나라가 휴전국이어서 언제든지 전쟁이 일어날 것 같은 위험한 나라로 바라본다는 얘기도 책에서 읽었어. 그런데 나는 안전한 나라에 살고 있어 감사해. 오히려 핵 실험을 하는 북한과 통일을 한다면 뭔가 더 안전하지 않을 것 같아.

엄마 은우 말대로 우리가 전쟁을 잠시 멈춘 휴전 국가라는 두려움은 없어. 그런데 은우야, '코리아 디스카운트'라는 말이 있어. 우리나라가 분단되어 있기 때문에 우리나라 기업들의 가치를 외국 기업보다 낮게 매기는 거지. 남한과 북한이 갈라져서 대립하기 때문에 언제 전쟁이 일어날지 모르니 아예 처음부터 가치를 깎아 버리는 거야. 보통 20%에서 절반 이상까지 깎인다고 하니 정말 큰 손해지. 게다가 남북한 관계가 나빠질 때마다 남한이 해외에서 빌린 돈의 이자율이 엄청나게 올라간대. 그러면 경제적 손실이 엄청난 거야.

은우 우리나라가 그냥 잘 살고 있는 줄 알고 있었는데 분단국가라는 이유만으로 이렇게 경제적으로 큰 손해를 보고 있다는 것을 몰랐어. 솔직하게 이산 가족분들의 아픔이나 우리가 원래 한민족이어서 통일을 해야 한다는 말은 나에게 크게 와 닿지는 않았어. 하지만 우리나라가 강해지고 세계 여러 나라 사이에서 인정받으려면 꼭 통일이 되었으면 해.

엄마 그래 은우야. 아직은 통일에 대해 전부 다 이해하지 못할 수 있어. 하지만 우리나라가 통일이 되면 국제 사회에 더욱 당당히 나갈 수 있는 중요한 계기가 될 거야.

3. 하디 디저트 밀키트

[소감]

은우 통일은 경제적, 군사적으로 꼭 필요하다는 것을 배웠어. 하지만 아직도 북한은 내게 먼 나라야. 앞으로 북한과 우리나라의 관계와 통일에 대해 더 알아보고 싶어.

엄마 앨버트 아인슈타인은 "평화를 유지하는 것은 무력이 아니라 상대에 대한 깊은 이해다"라고 말했어. 북한과 우리는 너무 오래 떨어져 있어서 멀어진 것이 가장 큰 문제라고 생각해. 양국의 이해관계를 넘어서서 한 민족으로서 서로 이해할 방법을 찾아보고 싶어.

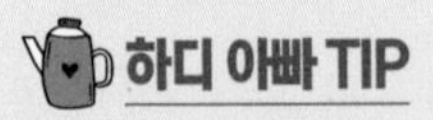

디아 : 소감을 나눌 때 어떤 방법이 좋을까요?

하아 : 저희 가정에서 했던 방법을 소개해볼게요.

- 오늘 대화 내용을 한 문장으로 표현하고, 오늘 대화에서 좋았던 말, 인상적인 말, 아쉬웠던 말과 배웠던 점, 재미있었던 점, 후회하는 점, 성장했다고 느꼈던 점을 한 가지씩 말해보기.
- 오늘 대화에 대한 점수를 1~10점 중 몇 점인지 말해보기.

[추가 활동 아이디어]

독일과 대한민국의 통일 상황을 비교하며 통일을 생각해본다.

[에피소드]

1979년생인 엄마에게 북한에서 온 친척이나 이웃은 없다. 엄마는 은우 나이 때 티브이에서 나오는 이산가족 찾기 방송을 보며 이산의 아픔을 간접적으로 체험할 수 있었다. 하지만 은우에게는 이산가족을 위한 통일은 중요한 의미가 아닌 것 같다. 은우에게는 통일에 대한 다른 접근법이 필요해보인다.

메뉴 8 AI교육을 도입해야 한다.

대상 : 10세 이상 | 시간 : 10분 | 주제 관심도 : ★★★★★ | 난이도 : ★★★☆☆

1. 개념 & 질문 하브루타

엄마 은우야, eVOLT(electric Vertical Take Off&Landing) 전기동력 수직이착륙기 정말 멋지지 않았어? 여의도에서 강남까지 날아서 5분이면 도착하게 된대. 국토발전전시관에서 미래국토에 대한 전시를 보니 지난번 '미래 모빌리티(Mobility) 공모전'에서 광탈(광속탈락의 줄임말)한 이유를 알겠지?

은우 엄마! 그 얘기는 그만했으면 좋겠어! 나름대로 최선을 다해서 만든 아이디어였어.

엄마 그래 알았어. 은우야. 하지만 인공지능과 함께 하는 미래 사회는 내가 아는 지식 안에서 상상하는 것만으로는 따라갈 수 없을 만큼 빠르게 발전하고 있어. 새로운 지식을 빠르게 받아들이고 알아 가려는 자세가 필요해.

은우 맞아. 엄마. 도심항공교통(UAM-Urban Air Mobility)이 이렇게 자세하고 세밀하게 구성되고 진행 중인 줄 몰랐어. eVOLT에 비하면 내가 제출한 아이디어는 옛날 생각이었어.

하디 아빠 TIP

하아 : 어려운 낱말이 나오면 어떻게 할까요?

디아 : 그럴 땐 엄마나 아빠가 친절히 설명해주세요.

하아 : 엄마 아빠도 설명하기 어려운 낱말이 있으면 어떻게 할까요?

디아 : 함께 사전을 찾는 방법도 좋아요.

하아 : 그렇게까지 해서 개념을 알아야 하는 이유가 뭘까요?

디아 : 개념에 대한 정확한 이해가 없다면 논리가 약해지기 때문이에요.

2. 쟁점 디베이트

엄마 은우야 2029년이 되면 인공지능이 인간의 지능과 같은 수준에 도달하고 모든 분야에서 인간보다 뛰어난 능력을 보이기 시작할 거래. 그리고 2045년이 되면 인공지능의 수준이 인간을 뛰어넘어서 초인공지능 단계에 이르게 될 거고!

은우 그럼 앞으로 사람이 하던 일을 인공지능 로봇이 거의 다 대신하게 될 텐데 사람들이 할 일이 정말 많이 줄어들게 될 것 같아. 도대체 우리는 무슨 일을 하면서 살아야 할까?

엄마 은우야, 너무 걱정하지 않아도 돼. 인공지능 발전으로 인한 4차 산업 혁명 시대가 오면 기존에 있던 많은 직업이 사라지겠지만 환경이 바뀌면서 지금까지 없었던 직업들이 많이 생겨나게 될 거야. 걱정보다는 인공지능 시대가 오면 새롭게 생길 직업을 생각하고 준비해보는 건 어떨까?

은우 인공지능 시스템과 로봇이 많아지니 인공지능 시스템을 관리하고 유지하는 직업이 생길 것 같아. 로봇을 설계하고 만들어내는 연구자들도 많이 필요하고 로봇이 망가지면 고쳐줄 로봇 수리공도 생길 것 같아.

엄마 그렇지! 은우가 생각한 것처럼 인공지능과 로봇에 관련된 많은 직업들이 생겨날 거야. 그리고 미래에는 통신을 통해 많은 디지털 정보들이 오가는 일들이 많아질 거라서 정보를 보안하는 직업도 중요해질 거래.

은우 미래에는 인공지능과 로봇을 잘 이용하고 정보를 잘 다룰 수 있어야 할 것 같아. 로봇을 잘 다루고 정보도 안전하게 잘 보호할 수 있는 사람이 필요하지 않을까?

엄마 그래 은우야. 미래에는 기계와 소통할 수 있는 코딩 능력과 인공지능 기술을 이해하고 사용하는 능력이 필수가 될 거야. 그리고 무엇보다도 기계가 할 수 없는 복합적이고 창의적인 사고를 하는 사람이 되어야 해. 창의적인 사고는 넓고 깊은 지식에서 나오거든. 복합적인 사고를 하기 위해서는 역사와 철학, 문학, 자연과학 같이 다양한 분야의 책을 많이 읽어야 하고.

3. 하디 디저트 밀키트

[소감]

은우 내가 생각한 '미래 운송수단에 대한 아이디어'는 유치한 느낌이 들었어. 그때는 인공지능이라는 새로운 기술을 알지 못했거든. 인공지능에 대해서 더 열심히 배우면서 앞으로 할 일들을 생각해 봐야겠어.

엄마 엄마도 새로운 기술들을 많이 공부했다고 생각했는데 AI를 활용한 도심항공교통 시스템을 보면서 항공과 교통, 도로와 건물, 사람들을 융합해서 생각하지 못한 점을 깨닫게 되었어. 앞으로 단면만 보는 것이 아니라 전체를 바라보며 인공지능 기술을 공부해야겠는 생각이 들었어.

[추가 활동 아이디어]

발전된 인공지능 기술을 실제로 체험할 수 있는 곳들을 찾아가 미래 직업과 준비해야 될 사항들에 대해 생각해본다.

[에피소드]

AI 교육에 대한 토론을 마치고 난 후 은우와 미래 직업에 대해서 생각하다가 'VR Ware'이라는 프로그램으로 가상공간을 만들고 'Future Flying Mobility Controller'라는 직업을 만들어보았다. 쉽게 표현하면 미래 비행운송수단 관리사 정도가 된다. 항로 설정 및

수정, 기계 유지보수, 이착륙지 인프라 관리, 비상 상황 대책, 보안 관리 등의 업무를 하는 직업이다. 앞으로 미래를 준비하는 아이들의 경우는 코딩과 머신 러닝, 빅 데이터에 대한 이해와 활용 역량이 있어야 한다는 얘기를 나눌 수 있었다.

메뉴 9 늦잠을 허용해야 한다.

대상 : 8세 이상 | 시간 : 10분 | 주제 관심도 : ★★★☆☆ | 난이도 : ★☆☆☆☆

1. 개념 & 질문 하브루타

엄마 은우야, 오늘은 10시 30분 전에 잠을 자도록 해보자. 어제도 너무 늦게 잤잖아.

은우 응, 엄마. 그런데 숙제하고 책 읽다 보면 시간이 금방 가. 학교 마치고 학원까지 다녀와 저녁까지 먹으면 8시가 넘어. 하고 싶은 것 좀 하면 금방 10시가 되어버려.

엄마 그러게 시간이 너무 없긴 하지. 그래도 10시 전에 자야 건강에도 좋고 키도 클 텐데 걱정이야. 숙제는 미리미리 하고서 집에 오면 조금 쉬다가 자면 어떨까?

은우 학교 끝나고 바로 또 숙제하고 공부까지 다 할 수는 없어.

2. 쟁점 디베이트

엄마 은우야, 저녁 10시에서 새벽 2시까지 깊게 잠이 들어야 성장호르몬이 잘 나온다고 들었어. 그래야 키도 크고, 멜라토닌이라는 호르몬이 분비되어서 스트레스도 줄일 수 있대. 은우는 수면 시간이 약 8시간 정도지만 늦은 시간에 잠을 자서 걱정이 돼.

은우 밤 10시에 깊이 잠들려면 9시 30분에는 잠자리에 들어야 하는데 그렇게 일찍은 잠이 오지 않아. 그리고 9시 30분에 잠자리에 누우려면 학원에서 모든 숙제를 끝내야 하는데 정말 힘들어.

엄마 그런데 은우야, 잠을 자는 동안에 뇌의 측두엽 안쪽에 해마라는 곳에서 낮 동안 경험하고 학습한 것 중에 남길 것은 남기고, 버릴 것은 버리면서 단기 기억을 장기기억으로 바꾸는 일을 한대. 결국에는 잘 자야 공부한 내용이 머릿속에 잘 저장된다는 거지.

은우 잠자는 시간을 당기려면 방과 후 노는 시간을 줄이고 숙제만 해야 해. 시간을 이렇게 써야 하는 현실은 받아들이기 쉽지 않아. 하고 싶은 것은 못 하고 해야만 하는 것만 하면 무슨 재미가 있어?

엄마 그러면 어디에서 시간을 줄일 수 있을지 생각해보자. 하고 싶은 것을 모두 다 할 수는 없으니까. 아니면 일찍 잠자리에 들고 아침에 일어나는 시간을 당겨보는 것은 어떨까? 잠을 충분히 자지 않으면 피곤하고 집중력도 많이 떨어져서 학교에서도 힘들잖아.

은우 엄마 말대로 잠을 많이 못 자면 다음 날 일어나기도 힘들고 머리도 무거워. 기분도 좋지 않고. 수업 시간에 멍하기도 해. 노는 것과 운동하고 악기 배우는 것을 포기하는 것이 쉽지 않지만 학원가기 전에 최대한 많이 숙제를 하고 가도록 노력해볼게.

엄마 그래 은우야, 은우가 말한 대로 지키고 잠은 꼭 10시 전에 잘 수 있도록 해 보자.

3. 하디 디저트 밀키트

[소감]

은우 잠을 잘 자면 머리가 좋아진다니 놀고 싶은 마음을 조금 줄이고 잠을 좀 더 자야겠어. 익숙했던 잠자는 시간을 바꾸고 숙제하는 습관을 갖기는 쉽지 않겠지만 노력해볼게.

엄마 엄마의 늦게 자는 습관이 은우에게 영향을 미친 것 같아 미안했어. 엄마도 정해진 시간에 자고 일어나는 습관을 잘 지키도록 노력할게.

[추가활동 아이디어]

잠을 가장 오래 잔 날과 적게 잔 날의 건강 및 집중도 상태를 비교해 보고 생각을 나눠본다.

[에피소드]

〈충분한 수면~〉에 관한 토론을 하다가 잠자기로 한 약속 시간을 넘기고 말았다. 약속한 것을 실천하는 것은 정말 어려운 일이다.

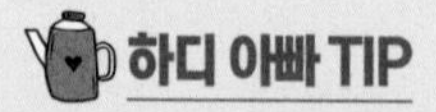

디아 : 자녀와 얘기하면 끼어들어 정리하고 싶은 마음이 생겨요. 하아님은 어떠세요?

하아 : 네, 당연히 있죠. 아이들이 구체적으로 얘기하지 않을 때가 많아 질문할 때가 있어요.

디아 : 그래서 어떻게 하셨나요?

하아 : 너무 자주 하면 아이가 짜증을 내서 꼭 필요할 때만 했어요.

디아 : 아이 상황과 마음을 고려하는 마음이 중요하네요.

메뉴 10 성형수술을 해서라도 예뻐져야 한다.

대상 : 10세 이상 | 시간 : 10분 | 주제 관심도 : ★★★★★ | 난이도 : ★★★★☆

1. 개념 & 질문 하브루타

엄마 은우야, 엄마는 '허 스토리(Her Story)' 전시회에서 '구출'이라는 그림이 마음에 들었어. 여기 도록에 그림 보이지? 바닷속에 서서 큰 배를 보고 서 있는 여자의 뒷모습이 그려진 그림말이야.

은우 작품 설명에는 다음과 같이 적혀 있어. '물에 빠져 곤경에 처한 여성이 구원의 손길을 내미는 남성에게 구원받기를 기다리는 모습이지만 뒤를 돌면 스스로 걸어 나올 수 있는 거리에 육지를 그려

넣어 또 다른 생존의 가능성을 선택할 수 있는 여지를 남겨 두었다.'

엄마 맞아. 여자는 지금 일어섰을 때 자기 허리까지 차는 물속에서 있어. 그런데 큰 배를 향해서 구해 달라는 제스처를 취하고 있지. 뒤의 육지를 보면 자기 힘으로 스스로 걸어 나올 수 있는 데 말이야.

은우 그런데 왜 걸어 나오지 않고 큰 배를 향해 손을 들고 구해 달라고 하는 걸까?

2. 쟁점 디베이트

엄마 은우야, 엄마가 예전에 도브(DOVE)라는 기업에서 리얼 뷰티(Real beauty) 캠페인 영상을 제작했던 것을 본 적이 있었어. 한 여자가 화면에 등장하고 그 여자에게 예쁘게 메이크업 한 다음 사진을 찍는 것으로 시작해. 그리고 여자의 사진을 컴퓨터로 옮겨서 얼굴형은 더 가늘게 눈은 더 크게, 목은 길게 포토샵 작업을 하는 거지. 여러 단계를 거쳐 마지막에 여자의 사진은 전혀 다른 사람처럼 바뀌고 "우리가 미인이라고 여기는 것은 왜곡된 것(No wonder perception of beauty is distorted)"이라는 문구가 나오면서 끝났어.

은우 요즘으로 하면 'SNOW' 나 'B612' 같은 스마트폰 사진 어플로 찍는 효과를 보여 준 거네. 엄마가 허락을 잘 안 해주지만 나도 엄마 스마트폰 어플로 사진 찍는 거 좋아하잖아. 뭔가 더 예뻐 보이거든. 진짜 내 모습은 아니지만.

엄마 엄마는 은우 모습 자체가 너무 예쁘거든. 동그란 얼굴, 새까만 눈동자, 은우 얼굴에 딱 맞는 크기의 코와 입술, 은우가 엄마 보고 웃을 때, 잘 때, 사실 화낼 때도 귀엽고 예뻐. 아빠도 매일 아침마다 일어나자마자 은우를 만나면 "아! 예뻐라!" 외치는 거 알잖아.

은우 그건 엄마, 아빠니까 그렇지. 고슴도치도 자기 자식은 예뻐하잖아. 티브이에 나오는 드라마나 쇼 프로그램을 보면 정말 날씬하고 예쁜 사람들 많이 나와. 난 핸드폰도 없어서 자주 볼 순 없지만 친구들이나 동생들이 연예인들 사진이나 영상도 많이 봤어. 진짜 인형같이 예쁜 사람이 얼마나 많은지 나도 그렇게 예뻤으면 좋겠어. 그럼 인기도 많아지겠지?

엄마 지금 은우 모습보다 더 예뻐지고 싶은 거구나? 은우가 '예뻐지고 싶다'라고 말하는 것은 은우가 '예쁘다'고 생각하는 모습에 가까워지고 싶은 거고. 그렇지? '예쁘다'는 기준은 어디에서 오는 것일까? 각 나라와 시대마다 '예쁘다'라는 기준은 다 다르거든. 매체에서 보여주는 모습에 따라서도 달라지고. 엄마가 어렸을 때는 쌍꺼풀이 진하고 큰 눈이 유행이어서 성형 수술로 쌍꺼풀을 만드는 사람들이 많았어. 그런데 요즘은 은우처럼 쌍꺼풀이 없는 눈이 대세잖아. 유행에 따라 성형 수술을 해서 자기 얼굴을 바꾼 사람들은 유행이 지나면 어떻게 되는 걸까?

은우 "유행 따라 예쁘게 보이려고 계속 성형 수술을 해야 하는 건가?"라고 생각하니 좀 무섭고 끔찍한데? 하지만 '나도 저렇게 되고 싶다'는 마음이 들어. 영화나 티브이 광고에 나오는 사람들이 예뻐 보이고, 실제로 예쁘기도 하고! 그걸 따라 하고 싶은 마음도 들고. 다들 그렇게 하잖아. 아직 성형 수술까지 한 친구는 없지만 옷차림이나 머리 모양 같은 것을 따라서 하거든. 누가 그렇게 하지 말고 스스로 모습대로 살아가자 하고 가르쳐주고 정해주면 좋을 것 같아. '자기 모습대로 살아가세요!'라고.

엄마 은우 말대로 누군가 정해주면 좋겠다. 그렇지만 삶은 자기가 결정하는 거야. 그 결정한 생각대로 스스로 만들어가는 거고. 우리 같이 봤던 그림을 생각해봐. 그 여자가 지금 은우라면 큰 배를 향해 저 좀 구해주세요, 하고 손을 흔드는 것이 아니라, 뒤를 돌아서 육지 쪽을 보고 씩씩하게 걸어 나오면 되는 거야!

3. 하디 디저트 밀키트

[소감]

은우 나는 아직 내 몸이나 얼굴에 큰 불만은 없어. 날씬한 연예인들 사진을 가끔 보면 내 볼살이나 뱃살이 약간 신경 쓰일 때도 있지만 욕실 거울에 비친 내 모습이 너무 예뻐서 계속 보고 싶을 때가 더 많거든. 앞으로도 내 모습을 더 사랑하려고 노력하고 겉모습뿐만 아니라 내 생각대로 살아갈 수 있는 힘을 기르기 위해 노력할 거야.

엄마 요즘 사회에서는 예쁜 얼굴이나 날씬한 몸을 추천장처럼 생각하는 사람도 많이 있는 것도 사실이야. 하지만 추천장만으로는 능력 있고 마음이 단단하고 성실한 사람을 늘 이길 수 있는 것은 아니거든. 우리 은우가 지금처럼 아름다운 자기 자신을 사랑하면서 씩씩하게 살아갈 수 있도록 응원할게!

[추가활동 아이디어]

성형수술이 꼭 필요한 경우는 언제일까?라는 질문에 자유롭게 의견을 나눠 본다.

하디 아빠 TIP

하아 : 다양한 갈등의 상황에서 부모가 일방적으로 혹은 감정적으로 부모의 권위로 밀어붙여서 해결하려는 모습이 많은 것 같아요.
디아 : 네. 겉으로 갈등이 해결된 것 같아도 아이들은 인격적인 소통 과정을 경험하지 못해서 부모와는 말이 통하지 않는다고 생각할 것 같아요.
하아 : 그래서 무엇보다 부모와 자녀 간의 관계 회복이 중요해요.
디아 : 관계가 회복되었다면 서서히 시동을 걸어야겠죠. 이런 점에서 저는 바로 "저희가 안내한 방법대로 하브루타와 디베이트를 하세요"라고 권유하고 싶지는 않아요.
하아 : 네. 저도 같은 생각이에요. 가벼운 대화를 통해서 해결할 수 있는 문제라면 그냥 편하게 대화를 나눴으면 좋겠어요. 자녀와 함께 좀 더 깊고 넓게 생각해보고 싶을 때 하브루타와 디베이트를 해도 늦지 않아요.

[에피소드]

사춘기에 접어드는 은우와 성형수술에 대해 나눈 토론은 의미가 컸다. 미에 대한 기준을 세우고 정립해 나가는 것은 10대 아이와의 대화에서 꼭 필요한 주제라고 느껴졌고 타자의 결정에 의한 삶의 기준이 아니라 자기 스스로 만들어 가는 삶의 기준 또한 10대 시절에 세워야 할 큰 틀이라는 것을 배울 수 있었다. 은우가 자기를 이토록 이렇게 긍정적으로 바라보고 있었다는 사실을 알게 되어 좋았다.

메뉴 11 사형제도를 폐지해야 한다.

대상 : 10세 이상 | 시간 : 10분 | 주제 관심도 : ★★★★☆ | 난이도 : ★★★★☆

1. 개념 & 질문 하브루타

은우 엄마, 작년 12월 21일에 일본에서 흉악범 3명에게 사형을 집행했다고 해. 우리나라에서도 사형을 집행한 적이 있을까?

엄마 1997년 12월 30일에 흉악범 23명에게 사형을 집행했었어. 그날 이후로 2022년까지 25년 동안 사형 집행을 하지 않고 있어.

은우 사형수들한테는 사형이 집행되는 날 당일 통지를 한다고 기사에 나와 있어. 내가 오늘 죽게 된다는 소식을 접하는 사람의 마음은 어떨까? 자기들이 잘못했다는 것을 뉘우치고 죽는 걸까?

엄마 강력 범죄 사건들이 터질 때마다 사형 제도를 강화해야 한다는 목소리들이 높아지곤 해. 하지만 범죄자들을 사형시키는 것이 범죄 해결 방법의 전부일까? 생각해봐야 할 것 같아.

2. 쟁점 디베이트

엄마 얼마 전 〈재심〉이라는 영화가 개봉해서 이슈가 되었어. '익산 약촌 오거리 살인 사건'을 모티브로 한 영화인데 살인 사건의 누명을 쓴 15세 아이가 진범이 아니라는 사실을 알고 형사와 변호사가 합심해서 구해준 이야기야. 만약 이 사람이 살인 누명으로 인해 사형을 당했다면 사건의 진실은 끝내 밝혀지지 못했을 거야.

은우 억울하게 누명을 쓰는 경우도 있겠네. 하지만 악랄하고 잔혹한 범죄를 힘없는 사람들에게 저지르는 사람들에게는 사형 제도 같은 강력한 벌이 필요할 것 같아. 사형 제도마저 없다면 나쁜 짓을 하는 사람들이 무서울 게 없잖아.

엄마 그런데 인권단체 '국제앰네스티'라는 곳에서 조사를 해보니 2004년도에 미국의 사형 제도가 있는 주의 평균 살인 사건 발생률은 10만 명당 5.71건이고 사형 제도가 없는 주의 발생률 10만 명당 4.02건으로 오히려 사형 제도가 없는 주에서 살인 사건이 덜 일어났대. 캐나다에서도 사형 제도가 있던 1975년보다 폐지 후 2003년이 강력범죄 발생률이 44%나 감소했다고 해.

은우 하지만 엄마, 영국에서는 1966년 사형 제도를 폐지하고 20년간 살인 사건이 60%나 증가했어. 미국 텍사스주에서는 1981년에 살인 사건이 701건이나 발생해서 1982년에 사형 집행을 다시 시작했고, 1996년에는 살인 범죄율이 63%로 줄어들었대.

엄마 결국 사형과 범죄율 사이에는 큰 연관성이 없다는 것을 보여 주는 것 같네. 사형 제도가 사회질서를 유지하고 범죄를 예방하는 심리적 마지노선인 것은 맞지만 '인간의 생명권을 박탈하는 것이 옳은가?'에 대한 부분은 꼭 생각해 봐야 할 문제 같아.

은우 범죄자이기 전에 사람이니 생명권을 생각해야 한다는 거지? 하지만 가해자가 희생자의 생명권을 마음대로 빼앗은 건 괜찮을까?

엄마 맞아. 은우야. 그래서 그 사람들을 사형시키는 것보다는 자기 죄를 깨닫게 하고 교화켜서 어떠한 방법으로든 죗값을 치르도록 해야 하는 것이 아닐까 생각해.

은우 응. 나도 사형수들이 자신들이 잘못했다는 것을 알고 죽는 것일까? 하는 의문이 들어. 무조건 사형시키기보다는 잘못을 깨닫고 죗값을 치르는 것이 우선일 것 같아.

3. 하디 디저트 밀키트

[소감]

은우 포털 사이트 상위 뉴스 제목에 나오는 강력 범죄 소식을 들을 때면 사형을 집행해야 한다고 생각했어. 그래야 이 사람들이 다시 죄를 짓지 못할 것이고, 같은 죄를 짓는 사람들이 없어질 거라고 생각했거든. 하지만 범죄자에게도 인권이 있고 죄를 뉘우칠 기회가 필요하다는 생각이 들었어.

엄마 한 아이라도 범죄자로 자라지 않도록 도울 수 있는 방법을 찾아보자 은우야.

[추가활동 아이디어]

사형제도를 대체할 형법을 생각해 보고 토론해본다.

하디 아빠 TIP

디아 : 자녀가 말하기를 어려워한다면 어떻게 하면 좋을까요?

하아 : 그때는 엄마나 아빠가 시범을 보여주면 좋아요. 그렇게 어른들이 먼저 시범을 보이면 아이들은 금세 따라하게 되거든요.

[에피소드]

다른 사람을 죽인 사람의 인권이라는 문제는 아이에게도 나에게도 어려웠다. 하지만 '사람이 사람을 죽일 수 있는가'의 문제로 접근했을 때는 답이 보였다. 범죄를 저지른 사람도 사형 판결을 내리는 사람도 '완벽할 수 없다'라는 관점으로 바라보게 되었고, '사형 제도는 폐지되어야 한다'에 생각이 모아졌다.

메뉴 12 개고기를 먹으면 안 된다.

대상 : 10세 이상 | 시간 : 10분 | 주제 관심도 : ★★★★☆ | 난이도 : ★★★☆☆

1. 개념 & 질문 하브루타

은우 엄마, 아까 광화문 가는 길에 '개식용을 금지하라'는 피켓을 든 아저씨가 서 있었는데 왜 그러는 걸까?

엄마 대선 후보 중에 한 분이 '식용 개는 따로 있다'라는 발언을 했거든. 동물 단체 회원들이 그 말을 철회하라고 시위를 한 거야.

은우 먹는 개랑 애완용 개가 다를 수가 있을까? 다 똑같지 않나?

엄마 맞아. 개고기 식용 논란은 1963년부터 60년 이상 계속되고 있어.

2. 쟁점 디베이트

엄마 기원전 675년 진나라에 다음과 같은 기록이 있어. 덕공 2년 초복에 개를 잡아 제사를 지내 사람을 해치는 열독과 악한 기운을 물리쳤다고 해. 개고기를 먹는 풍습은 중국에서 왔어. 개고기 식용에 대한 기록이 삼국 시대부터 조선 시대까지 모두 남아 있어.

은우 하지만 개는 옛날부터 사람들의 친구로 지내왔어. 주인을 지키기 위해서 애쓰고, 충직하게 자기 자리를 지키는 개 이야기가 얼마나 많은데. '오수의 개' 이야기 알지? 산불 속에서 술에 취해 쓰러져 자는 주인을 구하기 위해서 온몸으로 불을 끄다가 죽었잖아.

엄마 그래, 플란다스의 개 이야기도 있고, 하치 이야기도 있지. 엄마도 진돗개를 키웠고. 그래서 개고기를 먹는 것은 찬성하지 않아.

은우 맞아. 엄마도 진돗개를 마당에서 키웠는데 더 많이 뛰어다니라고 시골에 보냈더니 할머니가 개장수에게 팔았다고 했잖아.

엄마 엄마도 그래서 많이 슬펐고 '번개'라는 그 진돗개한테 미안했어. 번개는 반려견으로 집에서 키우던 개인데 식용견으로 팔려간 거지. 엄마도 식용견이 따로 있다는 말에 동의하지 않아.

은우 옛날에는 축산업이 발달하지 않아서 먹을 것이 부족해 개고기를 먹어야 했지만 지금은 그렇지 않잖아. 사람들 가까이에서 친구처럼 지내고 있는 개를 먹는 것은 옳지 않아.

엄마 그래 은우야. 옛날에는 야생동물을 잡아먹었지만 이제는 생활 방식과 문화가 달라졌어. 달라진 문화에 맞게 식용 개 문화는 이제는 사라져야 할 때가 됐어.

하디 아빠 TIP

하아 : 설득을 당했다고 진 것일까요?

디아 : 이기고 지는 결과를 떠나 문제에 대한 더 나은 해답과 대안을 모색했다는 점에서 의미가 있는 것 같아요.

하아 : 디베이트에서는 정해진 시간과 순서가 있던데 왜 그럴까요?

디아 : 참여자들이 보다 공정하게 의견을 주고받도록 하기 위해서

예요. 이에 비해 하브루타는 자유롭게 생각을 나누고 있죠?
하아 : 네. 맞아요. 시간과 순서를 정해놓고 진행하진 않아요. 다만 대화 점유율에서 너무 차이가 나면 안 되니 이런 점은 하브루타 짝이 적절히 조율을 해야겠죠.

3. 하디 디저트 밀키트

[소감]

은우 개는 사람 말을 89개나 알아듣고 감정을 나누고 친구처럼 살아가잖아. 친구를 먹는 것은 있을 수 없는 일 같아. 앞으로 많은 개들이 사람들과 함께 행복하게 살 수 있으면 좋겠어.

엄마 오랜 세월 동안 인간의 삶에서 함께 하고 있는 개들의 역할을 생각해본다면 개 식용 금지는 당연하다고 할 수 있을 거야. 다른 동물들을 도축하고 고기를 먹는 것에 대해서도 다시 생각해 보게 되었어.

[추가 활동 아이디어]

역사 속에서 사람들과 함께 한 개들의 이야기를 찾아보고, 반려동물로서 개의 역할에 대해 이야기 나눠본다.

[에피소드]

개고기 식용 찬반 문제는 다른 동물 고기 식용 문제와 맞물려 이야기하기 어려웠다. 소, 돼지, 닭 같은 동물들도 사람들과 감정도 생각도 교류한 이야기들을 들었기 때문이다. 우리 가정은 육식 자체를 반대하지 않기에 개식용 반대에 대한 논의는 사람과 더 가까운 동물인가 아닌가로 구분하여 토론했다.

메뉴 13 초등학생은 스마트폰을 사용하면 안 된다.

대상 : 10세 이상 | 시간 : 15분 | 주제 관심도 : ★★★★★ | 난이도 : ★★★★☆

1. 개념 & 쟁점 하브루타

은우 엄마, 급할 때 엄마, 아빠랑 연락도 해야 하고 친구들이랑도 연락을 하고 싶은데, 스마트폰 사주면 안 될까?

엄마 친구들이랑 연락할 일이 있으면 엄마 스마트폰을 사용하면 될 것 같은데. 스마트폰이 꼭 필요할까?

은우 수업 중에 모둠별로 영상을 찍을 일들도 있고. 편집도 해야 해. 친구들과 의견도 나누고 정리한 내용을 구글 클래스룸에 제출도 하고 책을 읽고 패들렛에 글을 올려야 할 때도 있어.

엄마 그런 이유라면 엄마 노트북을 사용해도 될 것 같은데?

은우 엄마, 우리 반 여자아이들 중에 핸드폰이 없는 사람은 나까지 두 명뿐이야. 스마트폰을 사용하는 친구들이 더 많아.

엄마 다른 친구들이 가지고 있다고 해서 너도 꼭 가지고 있어야 하는 걸까? 다른 친구들이 기준이 되어야 할까?

2. 쟁점 디베이트

은우 스마트폰이 없으면 아이들이 만든 단톡방에 들어갈 수가 없잖아. 단톡방에서 친구들과 함께해야 할 일들이 많거든.

엄마 그래, 스마트폰이 있는 친구들끼리 연락도 하고 함께 계획을 세워 이것저것 하는 것을 보면 은우도 같이하고 싶은 마음이 들겠구나. 그런데 은우야, 스마트폰이 없어도 친구와 놀이터도 가고 도서관에 가잖아. 필요할 때는 지금처럼 엄마 스마트폰을 사용하면 되지 않을까?

은우 솔직히 엄마 허락 없이 자유롭게 스마트폰 쓰고 싶어. 엄마 스마트폰을 사용해서 내 친구들 단톡방에 들어가면 엄마가 내 친구들의 비밀 대화를 보게 될까봐 부담스러워. 나도 스마트폰으로 유튜브도 보고, 좋아하는 노래도 찾아서 듣고, 관심 있는 자료들도 찾아서 보고 싶어.

엄마 그래, 우리 은우도 열세 살이 되었고 이제 친구들과만 나누고 싶은 얘기들이 있겠지. 혼자서 해 보고 싶은 것들도 많고. 솔직히 말해줘서 고마워. 그런데 은우야, 은우처럼 많은 학생들이 스마트폰을 친구들이 사용하니까 시작하는 경우가 많다고 해. 문제는 연락을 위해 사용하기 시작한 스마트폰인데 중독이 된다는 거야. 엄마가 가장 걱정하는 문제는 게임이야. 게임에 한 번 빠지면 나오기가 쉽지 않아.

은우 게임하는 친구들은 만나면 게임 이야기만 계속하는 것 같아. 숙제나 공부를 해야 할 때도 끊지 못하고. 웹툰을 보기도 해. 나도 정보를 찾다가 다른 길로 많이 샜어. 연달아 나오는 이야기를 보다가 엄마한테 혼나기도 했지.

엄마 그래 은우야. 은우가 말한 것처럼 몇 시간씩 웹서핑을 하거나 웹툰, 유튜브를 볼 수 있어. 정보를 찾다가 연결되는 내용 때문에 몇 시간씩 스마트폰을 쓰게 돼. 그러다가 자극적인 콘텐츠를 접하게 될 수도 있어. 친구들과 소통하려고 스마트폰을 사용한 것인데 어느새 누구와도 소통하지 못하고 스마트폰에 갇히게 되는 거지.

은우 지하철이나 버스를 타면 거의 모든 사람들이 스마트폰에 고개를 숙이고 눈을 떼지 못하고 있는 모습을 봤어. 심하게 말하면 '스마트폰 노예' 같았어. 한편으로는 '나도 스마트폰으로 마음대로 보고 싶은 것을 다 볼 수 있으면 좋겠다!'고도 생각했고. 스마트폰을 과도하게 사용해서 발생한 문제를 기사에서 보거나 어른들께 듣기도 했지. 하지만 나도 정말 친구들처럼 스마트폰을 사용해보고 싶어!

엄마 은우가 스마트폰을 들고 친구들처럼 해보고 싶은 마음은 이해했어. 하지만 은우도 이미 알고 있는 것처럼 친구들과 소통하기 위해서나 학교 수업이나 정보 검색을 위해서 반드시 스마트폰을 사용할 필요는 없을 것 같아.

은우 맞아. 엄마. 친구들과 전화 연락이 되고 메시지를 주고받을 수 있는 기능만 있는 핸드폰이면 될 것 같아. 그리고 생각해보면 수업은 노트북이나 태블릿 PC를 사용하면 지금처럼 충분히 가능할 것 같아.

하디 아빠 TIP

하아 : 질서 있게 이야기를 주고받는 훈련이 왜 중요할까요?
디아 : 사람들은 여러 사람이 모인 자리에서 이야기를 독점하려고 해요. 경청할 때 자기 생각만 정리하다가 주제와 관계없는 엉뚱한 말을 해요. 일정한 형식이 있는 디베이트는 이런 문제를 예방할 수 있어요.
하아 : 일정한 형식이 있다는 말이 어떤 의미인지 설명해줄 수 있나요?
디아 : 자기가 말한 만큼 상대방에게도 말할 기회를 주고, 상대방이 말할 때는 핵심을 파악해요. 조리 있고 차분하게 말하고 정해진 시간을 지키는 연습을 한다는 의미예요.
하아 : 이를 위해 필요한 노력이 있을까요?
디아 : 주장에 대해 정확하게 입장을 정해야 해요. 정한 입장에 대해 타당한 이유를 들어야 하고요. 끝으로 이유에 대한 구체적인 근거(경험, 통계 자료, 인용, 사례 등)를 마련해야 해요. 앞에 언급된 세 가지, 주장과 이유와 근거는 서로 밀접한 관계가 있어야 해요.

3. 하디 디저트 밀키트

[소감]

은우 스마트폰을 들고 다니는 친구를 보면 뭔가 멋져 보여서 스마트폰을 갖고 싶었어. 그런데 스마트폰 중독에 대한 부분을 엄마랑 얘기해보면서 '내가 과연 스마트폰을 이길 수 있을까?' 생각했어. 결론은 쉽지 않을 것 같아. 스마트폰을 쓰지 않기로 마음을 정했어. 엄마, 아빠랑 놀러도 가고 같이 얘기도 나누고, 책도 읽고 글도 쓰고 아직 재미있는 것이 많을 것 같거든.

엄마 핸드폰 사용 시기 문제는 엄마, 아빠가 오랜 시간 고민한 문제였어. 은우랑도 얘기를 많이 나눴었지. 은우가 앞으로 핸드폰으로 친구들과 소통하고 콘텐츠를 이용할 때 엄마 아빠와 사용 시간이나 방법을 조율해 나가면 좋겠어.

[추가 활동 아이디어]

스마트폰을 사용해도 좋은 나이는 언제일지 생각을 나눠보자.

하디 아빠 TIP

디아 : 가족 대화 중에 엄마 아빠가 원하는 방향으로 유도한 경우가 있었나요?

하아 : 네, 제가 바라는 대답이 나오도록 질문을 한 적이 있어요.

디아 : 엄마 아빠가 듣고 싶은 정답을 말하지 않도록 어떻게 주의할 수 있을까요?
하아 : 하나의 정답을 찾는 아이들로 자라게 할 것인지, 아니면 세상을 보는 다양한 관점이 있듯, 여러 가지 해답을 모색하는 아이들로 성장하게 할 것인지 고민하면 좋겠어요.

[에피소드]

코로나로 친구들과 만날 수 없는 상황이 많아졌다. 스마트폰이 없는 은우는 친구들 사이에 들어가기가 쉽지 않았다. 사춘기가 찾아오는 시기에서 스마트폰 사용에 대한 논쟁은 절박했다. 은우와 엄마는 《어쩔 수 없이 허락했는데, 어느새 게임 중독》(김평범, 길벗) 리뷰 기사를 함께 읽었다. 작가가 게임에 빠진 아들을 구하려고 애쓴 삶을 보며 우리 모녀는 극적으로 같은 마음을 가질 수 있었다.

메뉴 14 화가 나면 화를 내도 된다.

대상 : 10세 이상 | 시간 : 15분 | 주제 관심도 : ★★★★☆ | 난이도 : ★★★★☆

1. 개념 & 쟁점 하브루타

은우 엄마, 이순신 장군 동상과 세종대왕상이 있는 광화문 거리를 서울역사박물관에서는 '육조 거리' 전시로 만나고, 대한민국역사박물관에서는 '광화문' 전시로 보니 신기했어.

엄마 그렇지? 두 전시를 같이 보니 광화문 거리의 과거와 현재를 한눈에 볼 수 있었어. 오랜 시간에 걸쳐 광화문 거리에서 정말 많은 일이 있었지.

은우 엄마, 여러 전시 자료 중에 4·19 혁명 기사 사진이 기억에 남아. 4·19 혁명은 많이 들어봤는데 그 사진들이 광화문 거리에서 찍혔다는 것은 몰랐어.

엄마 이승만 대통령이 이끌던 정권이 1960년 3월 15일에 있었던 정·부통령 선거에서 12년간 이어 온 장기 집권 체제를 위해 부정 행위를 했거든. 민주주의를 지키기 위해서 부정 선거 항의 시위가 시작됐고 많은 사람이 중앙청이 있는 광화문으로 모여 들었어. 많은 사람이 죽고 다쳤지만 4·19혁명은 이승만 대통령을 하야시키면서 독재 정권을 끝낸 대한민국 민주주의 역사의 큰 사건이 되었지.

은우 목숨을 걸고 저항한 사람들 덕분에 민주주의가 지켜졌네.

2. 쟁점 디베이트

엄마 어느 신문 기자가 동료들과 중식당에 갔는데 식당에서 간장 종지를 2인당 하나씩 준 것에 화가 나서 신문에 '간장 두 종지'라는 기사를 썼어. 간장 종지를 1인당 한 개씩 달라고 했는데 2인당 한 개씩이라고 응대한 식당의 반응이 매우 불쾌하다는 내용이었어.

은우 내가 본 책에서 신문은 많은 사람들에게 나침반과 같은 역할을 하기 때문에, 어떤 매체보다도 정확하고 바른 내용을 담아야 한다고 했어. 중국집에서 간장 종지를 2인당 한 개씩 줬다고 해서 신문에다 화풀이를 했다는 것은 말이 안 돼.

엄마 김수영 시인의 〈어느 날 고궁을 나오면서〉라는 시가 있어. '왜 나는 조그마한 일에만 분개하는가'로 시작하는 시야. 시인은 4·19혁명과 5·16 군사 정변으로 혼란한 시대에 살았어. 시를 통해 정부의 부조리에는 분노하지 못하면서 동네 설렁탕집 여자 주인한테 주문한 고기에 기름이 많다고 따지고 화내는 자기 자신을 비판해. 민주화 운동을 하다 잡혀간 사람이나 탄압받는 언론의 자유를 위해서는 아무 말도 하지 못한 반면에 가족이나 이웃의 사소한 일에는 화를 냈지. 자신의 모습이 부끄러웠던 거야.

은우 나는 무시당했다는 생각이 들 때, 친구나 엄마, 아빠가 한 말이나 행동이 나한테 불편하게 느껴질 때 그리고 생각하는 대로 일이 되지 않을 때 화가 나는 것 같아. 그런데 막상 화를 낼 대상이 나보다 힘이 세거나, 반에서 세력이 있는 친구일 때는 함부로 화를 내지 못했어. 반대로 조금 편하거나 나보다 약하다고 생각하는 친구에게는 불편한 티를 내면서 화를 내고 그랬었어.

엄마 사실 부끄럽지만 엄마도 그런 경우가 많아. 엄마 생각대로 안 되면 은우에게도 아빠에게도 화를 많이 냈잖아. 엄마도 편한 사람한테 마음대로 하는 옹졸한 사람이었어.

은우 내 입장만 중심으로 보고 '화'를 내면 가까이 있는 사람한테 피해를 주게 되는 것 같아.

엄마 맞아. 은우야, 화가 난다는 감정은 우리 마음에서 올라오는 자연스러운 감정이지만 기준에 따라 달라지는 것 같아. 앞으로 화가 날 때마다 한 번 더 생각해보자.

3. 하디 디저트 밀키트

[소감]

은우 간장 종지 때문에 화가 나서 기사까지 쓴 기자 아저씨의 이야기를 들었을 때는 실망했어. 그런데 막상 나도 그렇게 내 맘대로 '화'를 내고 있다는 것을 깨달으니 그러지 말아야겠다는 다짐을 하게 되었어. 앞으로는 더 좋은 일을 위해 화를 내는 사람이 되고 싶어.

엄마 엄마도 항상 조그마한 일에만 화를 냈지만 앞으로 내 기준으로 화를 내는 일부터 줄여보도록 노력해볼게.

하디 아빠 TIP

하아 : 대화를 마치고 나서 마무리를 할 때는 가족만의 방식을 만들면 좋습니다. 운동선수들은 경기 후 그냥 들어가지 않고 하이파이브를 하거나 가볍게 포옹을 해요. 가족끼리도 처음엔 어색할 수 있지만 열심히 했다면서 하이파이브를 하거나, 서로에게 박수를 보내면 어떨까요?

디아 : 네. 좋은데요. 악수나 가벼운 스킨십은 서로에게 유대감을 더해 주고 안정감을 줄 것 같아요.

[추가활동 아이디어]

세상을 바꾼 분노에는 어떤 사건들이 있는지 찾아보고 나라면 어떤 선택을 했을지 이야기를 나눠본다.

[에피소드]

화를 내는 근본 이유는 "내가 나 자신으로 살아가기 위해서"라고 한다. 그래서 결국 화는 '자기 안의 기준'에서 시작되는 것이라는 것을 아이와 나눠봤다. 역사적인 사건과 시를 통해 '화'에 대해서 나누다 보니 사실 우리 집에서 화를 제일 많이 내는 것은 엄마인 나였다. 부끄럽지만 이번 시간을 통해 은우한테 깊은 사과를 할 수 있었다.

메뉴 15 단독주택이 아파트보다 살기에 더 좋다.

대상 : 8세 이상 | 시간 : 10분 | 주제 관심도 : ★★★☆☆ | 난이도 : ★★☆☆☆

하율 엄마! 엄마는 어디에 살고 싶어? 아파트? 단독주택?

엄마 글쎄, 엄마는 어렸을 때 주택에 살아서 그런지 주택이 좋은 것 같기도 해.

하율 그럼 우리 아빠랑 함께 단독주택이랑 아파트 중에서 뭐가 더 좋은지 질문 하디 밀키트를 해보자.

엄마 그래! 좋아!

하율 아빠! 《우리는 이웃사촌 함께 사는 사회》(오수민 글/오정민 그림)라는 책을 읽었는데, 층간 소음 때문에 힘들어하는 사람들 이야기가 나와. 다비라는 아이가 새 아파트로 이사를 갔는데 층간 소음 문제로 힘들어하거든. 우리도 예전에 그랬잖아. 아빠는 어디가 좋아?

하디 아빠 TIP

디아 : 초등학교 저학년 자녀와는 어떤 주제로 대화를 나누면 좋을까요?
하아 : 초등 저학년 자녀의 경우 읽은 책을 가지고 대화를 나누면 좋습니다. 책의 내용을 가지고 다른 사람과 소통할 수 있는 능력을 키우고 자신만의 표현 방법을 경험에서 찾을 수 있기 때문입니다.
디아 : 네. 맞아요. 하율이의 가정처럼 자녀와 함께 읽었던 책에서 나온 갈등 상황으로 주제를 정하는 방법도 좋을 것 같네요.

아빠 그럼 먼저 단독주택과 아파트 각각의 장단점을 써볼까?

하율 단독주택의 장점은 마음껏 뛸 수 있고, 마당이 있어서 좋고, 마당에 나무를 심을 수 있으니까 요즘 같은 크리스마스에 트리를 안 사도 키운 나무를 트리 장식으로 꾸밀 수도 있어. 또 우리 외할머니댁에서 했던 것처럼 마당에서 별을 보면서 캠핑을 할 수도 있지.

엄마 맞아. 가장 큰 장점은 층간 소음 걱정이 없다는 것이라고 생각해. 지난번 집에 살 때 정말 힘들었잖아. 또 하율이가 좋아하는 강아지, 고양이 등 애완동물도 키울 수 있다는 장점이 있지. 그리고 우리가 외할머니댁 가면 종종 하는 바비큐 파티도 할 수 있고.

아빠 그렇네. 단독주택은 아파트에 비해 자유로운 면이 있지. 진짜 내 집 같고 말이야. 하율이가 좋아하는 꽃과 나무들도 키울 수 있고, 2층 창고, 옥상 등 많은 공간들도 생기고 말이야. 그럼 단점은 없을까? 단독주택의 단점이 아파트의 장점이 될 것 같은데.

하율 단점 있어! 도둑이 들어올까봐 무서워. 외할머니댁에서 잘 때 느낀 건데 창문을 열어 놓으면 바람이 많이 부는 날은 날아갈 것 같아. 오즈의 마법사에 나오는 도로시처럼 말이야.

아빠 하하. 재밌는 상상이네. 맞아. 단독주택은 도둑이 들기가 쉽긴 하지. 또 아파트에는 집을 관리해 주는 분들이 따로 계시지만 단독주택은 모든 것을 집주인이 관리해야 하는 게 힘들겠지?

하율 어떤 관리?

아빠 음… 쓰레기 처리라든지, 정화조, 잔디 등 말이야.

하율 정화조가 뭐야?

아빠 하율이 응가랑 오줌 같은 것들이 하수도로 바로 나가면 안 되겠지? 그런 것들을 그냥 흘려 내보내기 전에 가두어서 썩히고 소독하는 통을 말해. 잘 활용하면 우리에게 이로운 퇴비가 되겠지?

엄마 그리고 단독주택은 아파트보다 추운 것 같아. 엄마는 추운 게 제일 싫거든.

아빠 그럼 우리 각자가 어디에 살고 싶은지, 어디가 더 살기 좋은지 생각해볼까?

하율 난 아파트! 단독주택도 무척 좋은데 도둑이 무서워.

아빠 아빠도 그래. 아빠도 아파트에 사는 것이 조금 더 좋아. 가장 큰 이유는 안전이지. 안전이 보장되지 못하면 편히 쉴 수 없을 것 같아. 그리고 아파트에는 편의 시설이 많아서 좋아.

엄마 난 단독주택. 단 안전이 잘 갖추어진 단독주택에 살고 싶어. 층간 소음 없이 지내고 싶거든. 요즘 같은 코로나 시대에는 야외활동이 힘드니까 집에서라도 야외활동을 즐기고 싶네.

아빠 우리 그럼 안전이 보장되는 단독주택, 층간 소음 없는 아파트를 한 번 설계해볼까?

하율 좋아! 우리 함께 그림을 그려서 발표해보자!

하디 아빠 TIP

디아 : 자녀의 이야기에 과도하게 리액션하는 게 좋을까요?
하아 : 네. 자녀가 어릴수록 부모가 최고의 리액셔너가 되어 주면 좋아요.
디아 : '리액셔너가 되어 준다는 말'은 어떤 의미를 담고 있을까요?
하아 : 부모와 자녀가 서로 상호작용한다는 의미를 담고 있어요. 여기서 상호작용한다는 것은 말을 주고받는다는 뜻도 있겠지만 '서

로의 말에 반응하기'라고 봐도 좋아요.
디아 : 그럼 서로의 말에 눈 맞추기, 침묵, 고개 끄덕거림, 질문 등으로 반응하면서 상호작용하는 전 과정이 소통이라고 봐도 되겠네요?
하아 : 네. 그렇게도 볼 수 있겠네요.

〈하율이 + 아빠 + 엄마의 층간 소음 없는 아파트, 안전한 단독주택〉

1. 하율이

• 층간 소음 없는 아파트 : 아파트 층 사이사이에 하나씩 비워서 식빵 같은 완충제를 넣는다. 그러면 아무리 뛰어도 식빵의 푹신함이 소음을 다 없애 줄 것이다.

• 안전한 단독주택 : 이름은 '꽤꼬닥 하우스'이다. 〈나홀로 집에〉라는 영화를 보고 생각해낸 것이다. 지붕에는 접착제 찐득이를 발라놓고, 지붕에 페인트 통을 놓아서 도둑이 들어오면 페인트를 맞게 하는 것이다. 그리고 사막여우를 애완동물로 키워서 도둑이 얼씬도 못 하게 할 것이다.

2. 아빠

• 층간 소음 없는 아파트 : 아파트 층 사이사이에 에어 바운스를 설치하고 자석의 N극을 바닥에 설치한다. 거주민들에게는 S극 실내화를 신도록 한다. 그러면 저절로 서로를 밀어내어 층간 소음이 발생하지 않는다.

• 안전한 단독주택 : 이름은 mobile house! 도둑을 피해 도망 다닐 수 있는 집이다. 외부인이 다가오면 움직이고 하늘로 올라갈 수도 있다.

3. 엄마

• 층간 소음 없는 아파트 : 아파트 아래 사이사이, 옆 사이 사이에 수로를 낸다. 그 수로에 물이 항상 흐르도록 하여 물이 소리를 끌어모아 밖으로 빼내도록 한다.

• 안전한 단독주택 : 주택의 외부 전체에 전기가 흐르도록 하고 홍채 인식을 통

해 집주인이 아닌 외부 사람들(등록되지 않은 사람들)이 문을 열거나 집 안으로 들어오려 하면 감전이 되도록 한다.

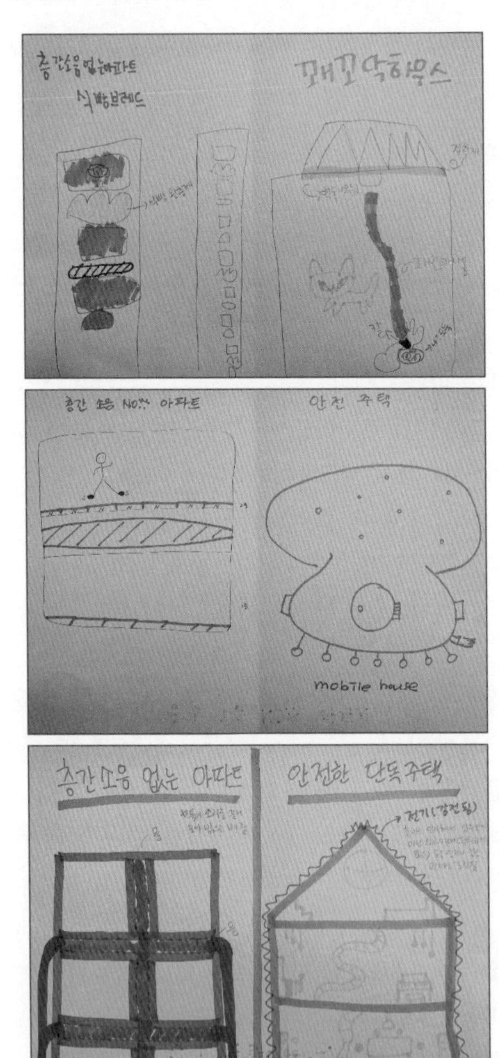

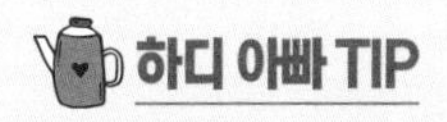

디아 : 책을 읽고 내용을 충분히 이해했어도 그것을 그림으로 표현하고, 그것을 부모님과 함께 생각을 나누는 것은 어린 자녀에게는 쉬운 일이 아닌 것 같아요.

하아 : 네. 맞아요. 그렇기 때문에 하율이 가정의 사례처럼 의견을 함께 나눈 다음 그림으로 표현하게 하는 건 좋은 방법이라고 생각해요. 일기 형태로 생각을 표현해도 좋고요.

메뉴 16 수학 교과는 선택으로 바뀌어야 한다.

대상 : 12세 이상 | 시간 : 10분 | 주제 관심도 : ★★★★★ | 난이도 : ★★★★☆

아빠 '수학 교과는 꼭 필요하다'라는 주제로 질문 하디 밀키트를 해볼까 해. 은결이는 찬성과 반대 중 어떤 입장을 취하고 싶어?

은결 나는 찬성 입장이야. 왜냐하면 수학 하는 게 좀 힘들기도 하지만 우리의 일상생활적인 부분에서 필요하다고 느끼거든.

아빠 아빠는 입장이 좀 달라. 살아가는 데 있어서 사칙 연산 정도만 익혀도 충분하지 않을까? 공학자나 과학자가 되고자 하면 좀 더 깊은 수학 공부를 해야 하지만, 그렇지 않다면 방정식, 함수 등의 공부가 왜 필요할까 싶어.

은결 왜냐하면 덧셈, 뺄셈, 곱셈, 나눗셈이 가장 중요하긴 하지만 이 네 가지의 연산보다 다른 게 필요할 때가 있잖아. 예를 들어 가구의 길이를 잴 때 소수이면 소수 곱셈, 나눗셈도 필요하니까.

아빠 소수의 개념 정도까지는 이해해. 문제는 대한민국의 수많은 학생들이 수학 공부 때문에 받는 스트레스를 생각하면 이렇게까지 수학 때문에 공부가 싫어지고, 자신에 대해 부정적인 마음을 갖게 할 이유가 있을까?

은결 아빠의 의견을 들어보니까 약간 이런 생각이 들어. 수학이 어렵고 짜증나지만 그렇게 수학을 하는 학생들은 이 수학이 필요한 어떤 꿈을 위해서 이렇게 스트레스 받는 데도 공부를 하는 거 아닐까?

아빠 수학이 입시에 있으니까 수학을 공부한다고 생각해. 그래서 입시에서 수학 과목 자체를 빼면 어떨까 해. 기본적인 사칙 연산과 자연수, 정수, 분수, 소수 정도로 기본 영역만 공부하고, 나머지 심화 수학은 공학자나 과학자 등 이런 분야를 원하는 학생들만 하고 말이야.

은결 그럼 너무 좋지. 너무 스트레스를 받으면 아예 공부가 하기 싫어지니까 말이야. 하지만 나는 모든 직업에 수학이 필요하다고 생각해. 예를 들어서 파티시에 같은 직업도 생크림 몇 리터를 넣어야 할지 고민해야 하잖아. 그렇지 않아?

아빠 좋은 예 같아. 그런데 외할머니를 생각하면 평생 수학을 모르고 사셨는데도 생활에는 전혀 문제가 없었어. 꼭 수학을 알아야만 음식을 잘 만든다고 할 수 없잖아. 간장은 숟가락 한 술 정도, 이렇게 가늠하잖아.

은결 하지만 이제는 세상이 바뀌었잖아. 그때는 옛날이었으니까 공부를 하셨던 분도 계셨겠지만 가정 사정으로 인해서 공부를 못했던 분들도 계시니까.

아빠 은결이 주장은 시대의 달라졌다는 뜻이지? 변화된 시대에는 수학적 사고와 지식이 필요한 것이고. 아빠가 이해한 것이 맞아?

은결 응 맞는 거 같아. 확실히 바뀌었으니까 수학이 어느 정도는 필요하다고 생각해.

아빠 은결이도 작년에 수학 때문에 힘들어했고, 눈물까지 흘렸잖아. 그 정도로 스트레스가 심했다는 증거고. 수학 자체가 재밌는 친구들도 있지만 그렇지 못한 친구들도 있고. 수학 과목이 존재한다면, 계속 필요하다면, 앞으로 이런 문제는 어떻게 해결해야 할까?

은결 수학을 그렇게 많이 시킨다는 건 만약을 대비해서인데 자기의 분량을 맞춰가면서 하는 게 중요하다고 생각해. 나는 80% 밖에 못 하는데 100%를 요구하고 시킨다면 당연히 힘들지 않을까?

아빠 그럼 학교 수학 수업 시간에 모든 학생들이 배우는 내용을 소화하는 건 아니잖아. 아이들마다 소화하는 정도가 다르잖아. 못 따라오는 아이들은 힘들어하고 짜증이 나고. 어느 정도 기준이 분명히 있는 법인데 그 기준에 못 미치는 아이들은 어떻게 할까? 그래서 그냥 수학 교과 자체가 없는 게 좋지 않을까 해서.

은결 수학 교과 자체를 없애는 일은 좀 극단적인 거 같아. 그러면 눈높이에 맞춰서 설명을 해주면 되지 않을까? 우리나라 교육 방식은 잘하는 아이의 수준에 맞춰 가는 거 같아. 잘하는 애는 잘하니까 좀 문제를 주고 풀게 한 다음에 못 따라오는 학생의 눈높이를 맞춰서 수업하는 게 나을 것 같아.

아빠 은결이가 제시한 방법이 참 괜찮아 보여. 그런데 우리 수업에서 현실적으로 눈높이에 맞춘 교육, 배움이 다소 느린 학생들을 기다려줄 수 있을까?

은결 그냥 기다리라고 하기보다는 문제를 주고 풀게 하는 거지. 빠른 아이들은 이걸 소화해낼 수 있다는 거잖아. 그러니까 문제를 주고 그 시간 동안은 풀게 하는 게 좋을 거 같아.

아빠 선생님의 기본 설명을 충실하게 이해한 친구들에게는 문제를 내 주고, 그렇지 못한 친구들에게는 좀 더 쉽게 설명을 하면 된다는 뜻 맞아?

은결 그치, 눈높이에 맞춰서 설명을 해 주면 더 잘 이해할 수 있지 않을까?

아빠 그러면 그날 나가야 할 수학 진도가 있잖아. 그것을 맞추기가 어렵지 않을까? 왜냐면 이런 방식으로 진행하면 기다림이 필요하기에 속도가 다소 느릴 수 있잖아.

은결 그러니까 일단 진도를 나가고 이해 못하는 친구들의 질문 시간은 시간이 남을 때 하는 거지. 우리가 수학 수업을 할 때 시간이 많이 드는 이유가 선생님이 말하는 중간중간에 질문을 해서인 것 같아. 그래서 기본적인 수학 설명을 빨리 끝내고 질문 시간을 가지는 게 어떨까 해.

하아 : 결론을 먼저 말하면 어떤 점이 좋을까요?
디아 : 결론을 먼저 말하면 내용이 분명하게 전달되고 주제를 선명하게 해줘요. 대신 미리 질문을 만들어놓거나 자료를 조사해둬야 해요.
하아 : 그럼 가족 노트를 준비해서 떠오르는 아이디어나 질문을 꾸준히 기록하는 점이 중요하겠네요.
디아 : 네, 맞아요.

메뉴 17 방 정리정돈은 꼭 해야 한다.

대상 : 8세 이상 | 시간 : 5분 | 주제 관심도 : ★★★☆☆ | 난이도 : ★★☆☆☆

아빠 오늘은 어떤 메뉴를 골라 볼까?
은결 얼마 전에 방을 정리하지 않아 잔소리를 들었잖아. "방 정리를 꼭 해야 한다." 한번 얘기하고 싶어.

아빠 좋아, 그럼, 네가 먼저 입장을 정할 수 있는 기회를 줄게.

은결 나는 방 정리를 꼭 해야 한다고 생각해. 왜냐면 방 정리를 안 하면 방이 너무 더러워지기 때문이야.

아빠 오! 의외야. 아빠는 은결이가 방 정리를 하지 않는 입장을 선택할 줄 알았는데. 그럼 아빠는 자기 방은 자기 마음대로 할 권리가 있다고 생각해.

은결 하지만 만약 자기가 혼자 살지 않고 가족이랑 같이 사는 경우일 때는 잘 정리하고 치워야 한다고 생각해.

아빠 은결이는 개인 방이라도 가족과 함께 산다면 정리할 필요가 있다는 주장이야?

은결 응. 가족이 불편하거나 신경 쓰인다면 해야 할 필요가 있다고 생각해. 그리고 치우는 것도 자기 방이니까 자기가 치워야 한다고 생각하고.

아빠 그런데 엄마 아빠가 "은결아, 방 좀 정리하자"라고 말하면 짜증이 날 때가 있잖아. 아빠도 아빠 책상 위가 지저분한 것을 알아. 그런데 누가 정리 좀 하라고 하면 약간 짜증이 나거든.

은결 근데 엄마 아빠는 그냥 정리만 하라고 하면 되는데 계속 재촉하는 말을 해서 짜증나는 것 같아. 그냥 시간을 정해 두고 이때까지 치우라고 하면 치우면 되고, 만약 안 치우면 거기에 맞는 대처를 하는 게 맞는 것 같아.

아빠 그러니까 방 정리를 하자고 하는 것 자체가 문제가 아니라, 계속 잔소리하듯 재촉하는 태도가 짜증을 유발한다는 말이지? 아빠가 이해한 것이 맞아?

은결 응, 정확해.

아빠 아이나 부모나 각자 자기 방을 깔끔하게 정리하는 습관이 중요하다고 생각해? 사람마다 다를 수 있지 않을까 해서.

은결 정리의 기준이 다르긴 하지만 너무 정리를 안 해서 엄마나 아빠가 계속 정리를 해 주면 나중에 컸을 때 습관이 길들여지지 않아서 인간관계에서도 문제가 생긴다는 생각이 들어.

아빠 자기 방을 정리하는 습관과 거실에 물건을 아무렇게나 두는 것과 연관 관계가 있을까? 거실은 가족 모두가 쓰는 공간이잖아. 이런 상황이 생겨 몇 차례 동생과 갈등한 적도 있고 해서 말이야.

은결 아빠 얘기를 들어 보니까 아무리 자기 방 정리를 안 해도 같이 쓰는 거실 만큼은 어지럽히면 안 되겠다는 생각이 들어.

아빠 정리하면, 방 정리 기준이 가족마다 다르지만 너무 지저분하게 해서는 안 되고, 함께 쓰는 공간인 거실만큼은 자기 물건을 아무렇게나 두면 안 되고 깔끔하게 사용해야 한다고 이해하면 괜찮을까?

은결 응, 자기의 공간은 자기의 마음이지만, 같이 쓰는 공간은 깔끔하게 사용해야 된다고 생각해. 거실은 자기의 방이 아니니까.

아빠 그런데, 이런 우리 이야기를 엄마는 공감할까? 엄마의 정리 정돈 기준은 우리 가족 중에서 가장 높잖아. 자기 방이라도 깨끗하게 정리해야 한다는 입장이지 않을까? 이렇게 엄마나 아빠 중 기준이 다를 때는 어떻게 문제를 풀어가야 할까?

은결 자기 방이니까 더러운 건 존중하되 같이 쓰는 거실에는 자기의 물건을 막 놓지 않고 뭐 이런 약속을 어길 시에는 방을 깨끗이 정리해라, 이렇게 정하면 되지 않을까?

아빠 다시 원점으로 돌아가서 이야기하는 느낌이 들지만, 자기 개인 방만큼은 부모도 간섭하지 않는 게 나을까, 아니면 정리하라고 이야기는 할 수 있는 걸까?

은결 정리하라고는 얘기할 수 있지. 하지만 뭐 자녀가 너무 스트레스를 받거나 이러면 어느 정도 지켜보다가 거기에 맞는 대응을 하면 좋을 것 같아.

아빠 은결이의 말을 듣고 보니, 자녀마다 성향이나 성격이 다를 수 있고, 부모와 자녀의 관계에 따라 대응 방법이 달라야 한다는 걸 느껴. 정답이 있는 게 아니네. 정리하라고 말할 수도 있지만, 잔소리처럼 쏟아내면 안 될 것 같고. 부모가 이야기한 다음에 기다리는 태도도 필요한 것이네. 아빠의 정리에서 부족한 점이 있을까?

은결 일단 식탁에 아빠 물건이 반이야. 식탁에서 작업하는 게 별 문제가 되지는 않지만 작업을 한 후가 중요한 거 같아. 작업을 하고 아빠의 물건을 가방에 넣든지 아님 방에 넣는 게 중요해. 내 방도 마찬가지인 것 같아. 늦게 들어오고 올 때 점퍼를 바닥에 두거나 양말도 바닥에 두는 이런 거는 약간 좀 눈에 밟히는 거 같아.

아빠 이제 방과 거실 공간 사용을 어떻게 해야 할지 이해가 되었어. 가족 모두가 함께 쓰는 화장실, 거실, 주방, 식탁 공간만큼은 개인 물건을 그냥 놔두지 않고 잘 정리하고, 자기 방 역시 기준은 다르지만 기본적인 수준에서 정리가 필요한 듯싶어. 그런데 기본적인 수준도 참 정하기가 쉽지 않네. 너는 어떻게 생각해?

은결 기본적으로 자기 물건들만 잘 정리해도 반은 한 것 같아. 자기 물건을 그냥 놔두지 않고 자기 방에 넣거나만 해도 좋아.

아빠 양말이나 옷을 벗어서 바닥에 그냥 두지 않기, 책상에 물건을 막 쌓아두지 않기 정도는 가족이 모여서 적당한 수준으로 약속을 조율할 수 있을까?

은결 그 정도가 좋을 것 같긴 한데 솔직히 그냥 자기 물건을 되도록이면 거실에 말고 다른 데에 놨으면 좋겠어. 예를 들어 저 비행기, 장난감 같은 게 좀 있는데 그걸 그냥 자기 방에 놓으면 좋겠거든.

아빠 그럼, 초등학교 3학년인 동생에게 정리 정돈에 대해 함께 이야기할 필요가 있을까? 어떻게 접근하면 좋을까?

은결 몰라, 나는 그 부분은 잘 모르고 그냥 자기 물건은 자기 방에만 놔라, 이러면 되지 않을까?

아빠 개인 물건과 가족 공동 물건을 어떻게 구분하지? 나누기에 성격이 모호한 것이 있지 않을까? 은결이는 쉽게 구분이 돼?

은결 그냥 자기가 가져온 거나 자기 장난감은 개인 물건이고 매트, 책, 약 이런 거는 공동 물건이지 않을까?

아빠 좋았어. 그렇게 동생도 함께 있을 때 우리가 가족 공간을 어떻게 쓸지 함께 이야기를 해보자.

은결 응, 오늘 재미있었어. 안녕.

하디 아빠 TIP

디아 : 부모와 자녀가 가지고 있는 정보의 양이 다른데, 어떻게 대화 점유율을 비슷하게 맞춰갈 수 있을까요?
하아 : 부모는 자녀보다 아는 것이 많기도 하고, 가르치고 싶은 마음이 앞설 때가 있어요. 아이보다 말하는 시간과 횟수가 많아져요. 이때 필요한 것이 약속이에요. 한 사람당 1분을 넘지 않는 등의 약속을 정하면서 적절한 대화 점유율 유지하도록 노력해요.
디아 : 네. 대화 점유율은 공평하게 대화할 수 있도록 안정감을 주는 것 같아요. 상대와 자신의 관계나 정보의 양 때문에 발언 기회가 한쪽으로 몰리지 않게 해줘서요.

- 3부 -
질문 하디 밀키트 365

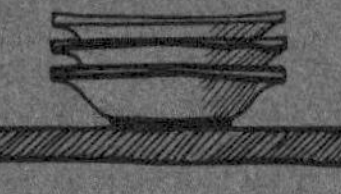

3부에 소개된 약 1,000개 질문 목록은 "가족, 교과, 사회, 일상" 범주로 분류된다. 질문은 하브루타의 필수 재료다. 질문 하디 밀키트는 짧은 시간이라도 대화를 나눌 수 있다. 평소에 듣기 힘든 가족들의 엉뚱한 생각도 만날 수 있다. 가족이 함께 책을 읽고 대화를 나누도록 '독서' 관련 질문도 추가했다.

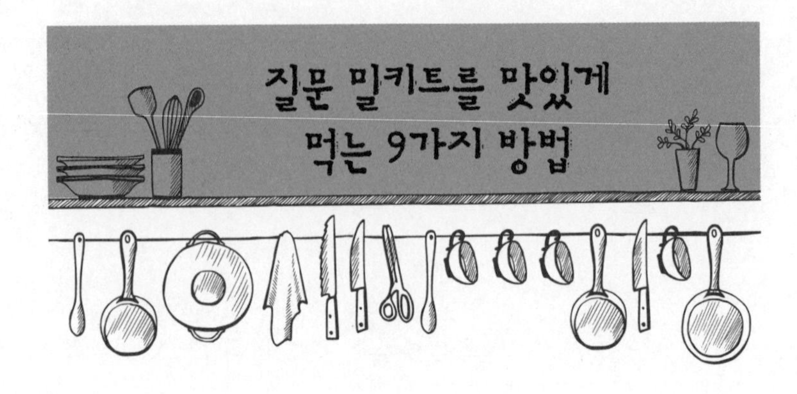

질문을 고르는 방식 자체를 놓고 갈등할 필요가 없다. 엄마 아빠가 가능하면 아이에게 선택권을 준다. 차례대로 돌아가며 '오늘의 사람'을 정해 진행 방식을 선택할 기회를 주면 된다.

〈질문 목록 활용 방법〉

1. 질문을 순서대로 선택하지 않아도 된다.
2. 질문 목록을 보면서 마음에 드는 것을 골라 이야기를 나눈다.
3. 질문에 대해 짧게 말해도 된다.
4. 책에 없는 새로운 질문을 만들 수 있다.
5. 우리 가족만의 엉뚱한 질문 노트나 상상력 질문 사전을 만들 수 있다.
6. 〈질문 밀키트를 맛있게 먹는 9가지 방법〉은 질문을 가지고 다양한 방식으로 대화하는 방법을 소개한다.
7. 책의 부록에는 핵심 키워드로 질문을 만든 사례와 엄마 아빠가 함께

이야기할 수 있는 질문들이 있다.

1. 질문 목록을 보면서 가족 수대로 질문을 하나씩 고른다.

① **방법** : 먼저 가족들이 각각 질문 하나씩 고른다. 자신이 고른 질문에 대해 한 사람씩 대답을 한다.

② **장점** : 자기가 원하는 질문을 골라서 적극적으로 말할 수 있다.

③ **단점** : 가족마다 원하는 질문을 골라 말하는 방법이어서 시간이 좀 걸릴 수 있다.

(고르고 싶은 질문이 없다거나 질문에 대해 말할 것이 없다고 할 때 억지로 말하라고 재촉하지 마세요. "맞아, 그럴 수 있어. 생각이 나지 않을 수 있지" 하며 가볍게 넘어갑시다. 이런 태도가 가족 대화를 오래 이어갈 수 있는 비결입니다. 아이가 몇 차례 반복해서 일부러 할 말이 없다거나 하고 싶은 질문이 없다고 할 가능성도 있어도 이런 상황에도 분위기를 훈훈하게 만들어주세요. 질문 대화를 처음 하면 누구나 낯설고 어색합니다. 질문 대화가 재밌긴 하지만 처음 접하는 가족들은 귀찮고, 부담스러울 수 있습니다. 처음부터 적극적인 반응이 나오면 좋겠지만 제 경험상 가족들의 소극적인 모습을 먼저 만날 가능성이 높습니다. 이때 당황하지 마세요. 올 것이 왔다는 마음으로 차분하게 기다려주세요. 조만간 가족들의 마음의 문이 열립니다.)

2. 가족 중 한 사람이 대표로 질문을 고른다.

① **방법** : 가족 중 한 사람이 뽑은 질문을 대표 질문으로 선정해 모두가 함께 대화를 나눈다.

② **장점** : 질문 하나로 가족들의 다양한 생각을 들을 수 있다.

③ **단점** : 자신이 원하는 질문을 뽑지 못할 수 있다. 뽑은 질문이 마음에 들지 않거나 관심을 끌지 못하는 질문이라면 대화 분위기가 가라앉을 수 있다.

(질문을 뽑는 사람을 정할 때, 가위바위보를 하거나 주사위를 던지거나 동전 던지기 등으로 결정합니다. 선택한 질문이 대답하기 어렵거나 마음이 들지 않을 수 있습니다. 이럴 때 질문 선택자와 가족 모두가 동의하면 한 차례 정도는 새로운 질문을 다시 뽑을 수 있습니다. 그런데 선택한 질문마다 계속 마음에 안 든다고 하면 대화를 시작하기도 전에 질문을 뽑은 가족의 마음이 속상할 수 있습니다.)

3. 질문 하나를 골라 대답을 듣기 원하는 상대에게 던진다.

① **방법** : 가족 중 한 명이 질문을 골라 대답을 듣기 원하는 다른 가족에게 묻는다. 예를 들면 아빠가 질문을 골라서 자녀에게 물을 수도 있고, 자녀가 질문을 선택해 엄마에게 물을 수 있다.

② **장점** : 자신이 질문을 선택할 수 있고, 특정 대상을 정해 물어보는 재미가 있다.

③ **단점** : 스스로 질문을 고르지 않았기에 막상 질문을 받으면 말문이 막힐 수 있다. 질문을 받은 가족이 대답을 주저하거나 싫어할 수 있는 위험 부담이 따른다.

(질문을 받은 가족이 대답하기를 힘들어할 때 "해라! 해라!"하며 억지로 대답하게 하지 않습니다. 질문을 받고 나서 천천히 궁리할 시간을 주세요. 우리 모두는 대답 자동판매기가 아닙니다. 질문의 종류와 성격에 따라 대답하기 위해 준비하는 시간이 다릅니다. 질문이 들어가면 곧바로 대답이 나오지 않습니다. 어릴 적 학교에서 선생님께 질문을 받았을 때 곧바로 대답하지 못하면 기회가 다른 친구로 넘어가거나 선생님께서 답을 했던 기억이 납니다. 아이든 어른이든 질문을 곰곰이 생각할 여유가 필요합니다. 가정에서 우리 아이들이 부모와 함께 천천히 생각하며 대화하는 여유를 맛보면 어떨까요?)

4. 제비뽑기로 질문을 고른다.

① **방법** : 목록에 있는 질문들을 중에서 각자 3개씩 종이에 적는다. 그중에서 제비뽑기로 대표 질문을 정한다.

② **장점** : 제비뽑기 방식 자체의 재미와 공평한 방식으로 뽑힌 질문이다.

③ **단점** : 제비를 만드는 과정이 귀찮을 수 있다. 자신의 질문이 뽑히지 않아 마음이 상할 수 있다.

(매번 종이에 질문을 적는 것이 힘들면 두꺼운 종이에 질문을 적어 둡니다. 질문 카드를 만들면 필요할 때 쉽게 활용할 수 있습니다.)

5. 질문 목록을 보면서 차례대로 질문한다.

① **방법** : 책에 나온 질문 목록을 하나씩 체크하면서 질문을 한다.

② **장점** : 목록에 있는 참신한 질문들을 모두 만날 수 있고, 이를 통해 서로의 마음을 즐겁게 나눌 수 있다.

③ **단점** : 개인 성향에 따라 앞에서부터 차례대로 돌아가는 방식을 지루해할 수 있고, 언제 이걸 다 하냐는 불평이 나올 수 있다.

(이 방식으로 진행할 때 마음에 들지 않는 질문이 나오면 "패스!"를 외치면 됩니다. 모든 질문을 다 다루는 것이 목적이 아니기에 답하기 어려운 질문이 나오면 가볍게 넘어가면 됩니다. 물론 아이들은 이런 모습이 재밌어서 계속 "패스! 패스!"를 하기도 합니다. 이런 상황이 생기면 대화할 때 이용할 수 있는 "하이 패스 티켓"을 세 번만 쓰는 것으로 약속하면 됩니다.)

6. 가족이 4명 이상이라면 둘씩 짝을 지어 질문을 선택해 대화를 한다.

① **방법** : 평소 가족 모두가 한자리에 모여 대화를 나눈다. 가끔씩 두 명씩 짝을 지어 서로 다른 공간에서 이야기할 수 있다.

② **장점** : 늘 하던 방식과 달라 새로운 느낌을 줄 수 있다. 둘이서 이야기를 하면 깊이 있는 대화를 나눌 수 있다.

③ **단점** : 호불호가 명확한 방식. 낯설고 어색할 수 있다.

(질문 밀키트를 먹는 시간이 충분하다면 4인 가족의 경우, 엄마와 자녀1, 아빠와 자녀2로 한 번 만나고, 짝을 바꾸어 아빠와 엄마, 자녀1과 자녀2로 다시 만날 수 있습니다. 타이머를 활용하여 10분씩 대화를 나누는 시간을 가지면 됩니다.)

7. 질문 하나를 선택하여 가족 모두가 집중 탐구한다.

① **방법** : 질문 대화는 대부분 정보 검색 없이 자신의 생각을 말하면 된다. 때로는 스마트폰을 활용해 질문 관련 정보를 찾아야 할 수도 있다. 이런 때는 가족이 함께 집중하여 정보를 찾고 메모하면서 이야기할 수 있다.

② **장점** : 가족 모두가 한 팀이 될 수 있고, 질문 하나를 놓고 답을 찾기 위해 재밌게 궁리할 수 있다.

③ **단점** : 이 방식을 제안했을 때 싫어하는 가족이 있을 수 있다. 또한 미디어 활용 과정에서 주제와 관련 없는 딴 길로 샐 수 있다.

(정보 탐색 시간을 한 번에 오래 갖지 않습니다. 5분이면 충분합니다. 5분이 지나면 각자 무엇을 찾았는지 함께 의견을 나누면 됩니다.)

8. 한 가지 질문을 선택하여 꼬리에 꼬리를 무는 질문을 순서대로 돌아가며 만든다.

① **방법** : 대표 질문을 정한 후에 가위바위보로 첫 번째로 질문 만드는 사람을 정한다. 순서대로 다음 사람이 앞 사람이 만든 질문과 관련하여 새로운 질문을 만든다.

② **장점** : 게임 형식의 느낌이 있다. 주어진 질문에 답을 찾는 방식이 아니어서 형식과 진행 면에서 색다른 느낌을 받는다. 가족 모두가 질문 만들기에 재미를 들일 수 있다.

③ **단점** : 질문에 대한 답을 찾는 방식이 아니다 보니 질문 만들기 활동에 대해 낯설어할 수 있다. 이런 활동이 어떤 가치가 있는지 이해하지 못할 수 있다.

(이 활동을 할 때 주의 할 점은 질문을 만들 때 어떤 질문이든 긍정적으로 반응해야 한다는 것입니다. "에이, 질문 수준이 낮네. 뭐 이런 질문이 다 있어?" 이런 종류의 반응은 절대 금지! 꼭 차례대로 순서가 돌아갈 필요가 없습니다. 먼저 질문이 생각나는 사람부터 질문을 만들어도 됩니다. 다만 말로 끝나면 전 사람이 무엇을 얘기했는지 잊기 때문에 종이에 질문을 기록하면서 진행하면 헷갈리지 않을 수 있습니다. 질문 만들기는 어른보다 아이들이 더 잘할 수 있습니다.)

9. 키워드를 하나 선정한 다음에 키워드가 들어가는 질문을 가족이 함께 만든다.

① **방법** : 키워드 질문 만들기 활동을 하기 전에 종이 한 장을 준비한다. 종이 한가운데 키워드를 적는다. 가족 모두가 참여하여 키워드와 관계된 질문을 자유롭게 기록한다.

② **장점** : 단 하나의 키워드로 재밌는 질문을 다양하게 만들 수 있다. 가족이 함께 키워드를 놓고 다각도로 궁리할 수 있다.

③ **단점** : 다 함께 질문 만들기를 시작하면 언제 끝날지 모른다.

(맨 처음 키워드를 선정할 때 아이들이 생각하기 쉬운 단어를 고르는 것이 좋습니다. 서너 명이서 동시에 질문을 쓰기보다 한 사람씩 쓰고 소리 내어 질문을 읽도록 합니다. 순서대로 돌아가면서 할 필요는 없지만 한 사람이 2번 이상 연속해서 쓰지 않고 질문을 천천히 만들고 있는 가족을 배려하여 기다리는 연습을 합니다. 똑같은 패턴의 질문은 한 번만 쓰도록 약속합니다. 예를 들어 "독수리는 빨간색을 좋아할까?"라는 질문을 만들었다면 다음 사람이 "독수리는 파란색을 좋아할까?"처럼 비슷한 형식에 단어만 바꾸어서 넣는 방식으로 만들지 않아야 합니다. 이렇게 하면 질문 만들기 활동이 끝나지 않는데다 짜증이 나는 가족이 생깁니다.)

'어떻게 먹느냐'가
가족의 품격을 만든다

1. 대답을 잘하지 못해도 괜찮다.

질문 밀키트를 처음 이용하면 매우 어색하고 오글거릴 수 있다. 메뉴의 질문을 꺼내어 상대에게 보내는 것은 누군가의 마음을 열어달라고 노크하는 것과 같다. 마음의 문을 열지 말지 결정하는 주체는 바로 질문을 받는 사람이다. 질문을 받는 사람이 누구든 질문받은 그 자리에서 대답하지 않아도 된다. 다른 가족들은 질문을 받은 가족이 편하게 대답할 수 있도록 분위기를 만들어주면 된다.

(아이마다 성향이 달라서 정답이 없고 자기만의 느낌과 생각을 말하는 질문 밀키트를 힘들어하는 아이도 있고, 마음에서 끌어내는 느낌과 생각보다 논리적인 사고 과정을 더 좋아해서 디베이트 밀키트

를 더 좋아하는 아이도 있습니다. 가족마다 선호하는 메뉴가 다르니, 각자의 기호에 맞게 메뉴를 고릅니다.)

2. 아이의 말에 듣는 마음으로 경청한다.

아이가 질문을 보자마자 자기 생각을 유창하게 말할 수 있을까? 그렇지 않다. 질문을 보고서 생각할 여유가 반드시 필요하다. 아이가 자기만의 해답을 만드는 시간을 기다리지 못하고 중간에 끼어들면 안 된다. 엄마, 아빠가 관심 있는 표정으로 아이의 말을 끝까지 들어주는 태도가 질문 밀키트를 먹을 때 지켜야 할 에티켓이다. 더듬거리며 천천히 말해도 엄마 아빠가 자기의 이야기를 있는 모습 그대로 받아주어야 아이는 틀려도 괜찮다는 안정감을 얻을 수 있다.

3. 질문에 대한 가족의 생각과 느낌을 긍정적으로 받아들인다.

잘 이해되지 않더라도 가족의 대답을 유치하다거나 부정적으로 받아들이지 않는다. 아이의 엉뚱한 대답이라도 "그럴 수 있구나" 하면서 긍정적으로 공감한다. 자신의 대답이 가족들에게 긍정적으로 수용되는 느낌을 받을 때 한 번 더 얘기하고 싶어지고, 다음에 또 참여하고 싶은 마음이 생긴다. 질문 경쟁 대회가 아니라, 질문으로 가족의 마음과 일상이 연결되는 시간임을 기억한다.

4. 세상에 바보 같은 질문과 대답은 없다.

상대의 질문을 바보같이 바라보는 태도가 문제다. 각자의 입장과 눈높이에서 고른 질문이 있을 뿐이고, 솔직하게 이야기한 대답이 있을 뿐이다. 대답을 듣고도 이해가 잘 되지 않으면 왜 그런지 솔직하게 물으면 된다. 하디 밀키트를 먹을 때는 옳고 그름을 따지는 태도보다 질문을 통해 서로의 내면을 솔직하게 여는 연습을 한다.

5. 똑같은 질문이라도 상황에 따라 얼마든지 대답이 달라진다.

하디 밀키트 질문 목록은 고정불변한 정답이 없다. 대답하는 사람에 따라 서로 다른 답이 나올 수 있고, 같은 사람의 대답이라도 말하는 시점의 기분, 마음, 상황에 따라 대답이 달라질 수 있다.

6. 자신이 원하는 대답을 이끌어내지 않는다.

대답은 말하는 가족의 마음과 생각에서 나온 것이다. 질문하는 사람은 대답하는 사람에게 기대하거나 바라는 대답이 있을 수 있지만, 유도 질문을 던지면서 그것을 의도적으로 이끌어내지 않는다. 다만, 처음 던진 질문에 대해 첫 번째 대답을 듣고 좀 더 궁금한 점이 생겨서 2차 질문을 던지는 것은 괜찮다.

7. 자녀를 가르치는 시간이 절대 아니다.

부모가 자녀에게 가르치고 싶은 마음이 앞서 훈계 내용을 담은 문장을 질문 형식으로 살짝 바꾸어 전달하지 않는다. 아이가 충분히 말할 수 있도록 끼어들지 않고 끝까지 귀 기울여 들어준다.

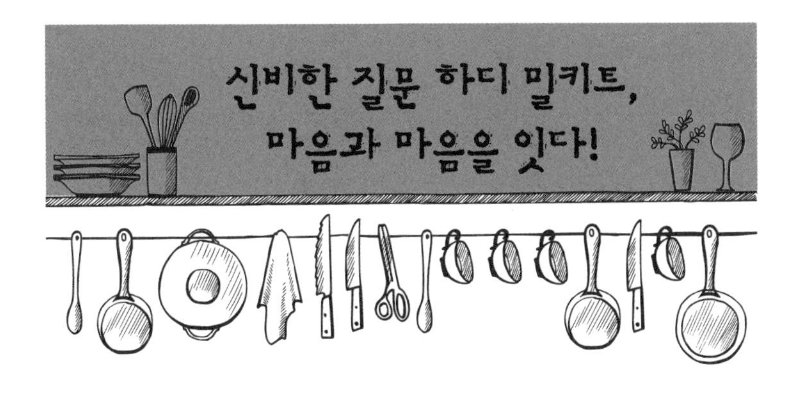

"질문은 또 다른 질문을 낳는다!"

1. 시간을 나타내는 말을 바꿔 질문해주세요.

· 오늘 감사했던 일은 뭘까?

· 어제 감사했던 일은 뭘까?

· 지난주에 감사했던 일은 뭘까?

· 이번 달에 감사했던 일은 뭘까?

· 올해 가장 감사했던 일을 세 가지만 말해본다면?

2. 첫 번째 질문에 "몰라, 그냥"과 같이 짧은 대답을 하며 귀찮아 할 때는 "그럴 수 있어" 하면서 편하게 넘어갑니다.

"오늘 하루 어떻게 지냈어?"
"그냥 그렇게 지냈어." / "잘 생각이 안 나." / "몰라."
"혹시 기억나는 재밌었던 일이 있었을까?"
"없어." / "없다니까." / "귀찮은데 왜 계속 물어봐?"
"맞아. 그럴 수 있어."

이런 상황이면 억지로 대답을 끌어내지 않습니다. 아이가 마음을 열지 않는 상황이기 때문이에요. 아이의 반응은 언제 달라질지 모릅니다.

3. 첫 번째 질문에 대해 간단하게 대답을 할 경우, "왜?"라는 질문을 다시 하면 더욱 구체적으로 아이의 생각을 알 수 있습니다.
"친구의 그림자를 자세히 본 적이 있어?"
"아니!"
"왜 한 번도 본 적이 없을까?"
"그런 걸 볼 시간이 어딨어?"

4. 각 질문은 관점에 따라 정해진 범주를 뛰어넘어 이야기할 수 있습니다.
예를 들면, "약한 동물을 잡아먹는 사자는 나쁜 동물일까?"라는 질문은 이 책에서 과학 영역에 넣었지만 사회적인 관점에서도 질문

할 수 있습니다. 과학 영역에서 육식 동물인 사자는 생존을 위해 사냥을 하는 것입니다. 이런 것은 동물 생태계에 균형을 유지시켜주며 지나친 개체 수 증가를 억제시켜줍니다. 사자는 배가 부르면 사냥을 하지 않지만 탐욕에 눈이 먼 인간은 막대한 부를 쌓고도 만족을 모른 채 수단과 방법을 가리지 않고 부를 축적합니다. 이런 관점에서 같은 질문이라도 관점에 따라 다르게 이해될 수 있습니다.

[일상] 아이의 마음과 일상을 함께 이야기를 나누고 싶을 때

아이의 일상을 알고 싶을 때

1. 오늘 하루 어떻게 지냈어?
2. 오늘 가장 크게 웃었던 순간은?
3. 오늘 경험한 멋진 일은?
4. 오늘이 다른 날보다 훨씬 특별했던 이유는?
5. 오늘 학교생활에서 가장 만족스러운 것은?
6. 오늘 감사했던 일은 뭘까?
7. 오늘 몇 걸음 정도 걸었을까?
8. 오늘 귀찮았던 일은?
9. 요즘 힘들거나 어렵게 느껴지는 일이 있을까?
10. 가장 큰 고민은 뭐야?
11. 최근에 가장 당황했던 순간은?
12. 어젯밤에 무슨 꿈을 꾸었어?
13. 올해 손 편지를 누구에게 보내 봤어?

14. 오늘 빨간색 자동차를 몇 대 보았어?

15. 최근에 다친 적은?

아이가 자신과 삶에 대해 어떻게 생각하는지 알고 싶을 때

1. 내가 생각하는 행복한 하루란?
2. 하루 동안 무엇이든 할 수 있다면 하고 싶은 것은?
3. 무엇을 할 때 시간이 가장 빨리 지나가는 것 같아?
4. 이번 주 나에게 꼭 필요한 것은 뭘까?
5. 어떤 말을 들으면 기분이 좋아져?
6. 생생하게 기억나는 꿈이 있다면?
7. 여름 방학이 3개월이라면 무엇을 하고 싶어?
8. 내가 가장 좋아하는 색깔은?
9. 집에서 가장 좋아하는 장소는?
10. 가장 좋아하는 요일이 뭐야?
11. 최근에 가장 멀리 가본 곳은 어디야?
12. 가장 좋아하는 음식은?
13. 영화나 만화에서 되고 싶은 주인공은?
14. 악기 연주를 잘할 수 있다면 어떤 악기를 선택할래?
15. 가장 좋아하는 과목은?
16. 최근에 꽃씨를 심어 본 적이 있어?
17. 봄, 여름, 가을, 겨울 중 가장 기다리는 계절은?
18. 빨리 어른이 되고 싶어?
19. 자전거를 타고 가장 멀리까지 가본 곳은 어디일까?

20. 오늘 사용한 감각(시각·청각·촉각·미각·후각) 중 가장 많이 사용한 것은?

서로 질문을 주고받으며 즐거운 상상을 하고 싶을 때

1. 1부터 10까지의 숫자 중에 가장 좋아하는 숫자는?
2. 지금 귀에 들리는 소리를 하나씩 말해본다면?
3. 지금 생각나는 수수께끼를 하나 말해줄래?
4. 무엇을 발명하고 싶어?
5. 여기서 가장 먼 장소는 어디일까?
6. 자신의 얼굴을 직접 그려본 적은?
7. 바닥에 떨어진 돌을 발로 차본 적이 있어?
8. 하늘의 별을 몇 개까지 세어봤을까?
9. 자기만의 나라를 세운다면, 그 나라의 이름은?
10. 기분은 날씨와 관계가 있을까?
11. 탁구공을 얼마나 멀리 던질 수 있을까?
12. 자신의 그림자를 어떻게 하면 밟을 수 있을까?
13. 누구도 들어 본 적이 없는 소리를 낼 수 있을까?
14. 타임머신을 발명했어. 어디로 가고 싶어?
15. 꿈 이야기는 왜 재밌을까?
16. 투명 인간이 되면 하고 싶은 것은?
17. 마블 히어로 중에서 어떤 능력의 소유자가 되고 싶어?
18. 신비한 힘을 가진 지우개가 있어. 무엇을 지우고 싶어?
19. 장난삼아 잠든 척한 적이 있었어?

친구를 이해하고 친구 관계를 돌아보고 싶을 때

1. 요즘 고마운 마음이 드는 친구가 있을까?
2. 아는 친구 중 가장 재밌게 말하는 친구는?
3. 친구네 집에서 잘 수 있는 기회가 생기면 누구네 집에 가고 싶어?
4. 친구와 놀다가 싸운 적은?
5. 친구들이 싸우는 모습을 본 적 있어?
6. 싸운 다음에 어떻게 화해를 해?
7. 피구할 때 규칙을 지키지 않는 친구가 있어. 어떻게 하면 좋을까?
8. 도저히 참을 수 없을 만큼 미웠던 친구가 있었어?
9. 더 이상 그 친구를 만나지 못하지만 꼭 다시 만나고 싶은 친구는?
10. 친구이긴 친구인데 진짜 친구와 가짜 친구가 있을까?
11. 내가 생각하는 진짜 친구란?
12. 친구가 없는 세상은 어떤 모습일까?
13. 최근에 친구네 집에 놀러 간 적은 언제야?
14. 우리 집에 놀러 온 친구들은 누구야?
15. 함께 회사를 만들고 싶은 친구가 있어?
16. 노래, 그림, 운동, 공부를 더 잘하는 친구를 보면 어떤 마음이 들어?
17. 친구들과 헤어져 전학을 가게 됐어. 친구들에게 남기고 싶은 말은?
18. 친구들의 속마음을 꿰뚫어 볼 수 있는 능력이 있다면?
19. 연락처를 외우는 친구는?
20. 호랑이 닮은 친구는?(코끼리, 여우, 독수리, 병아리 등 다양한 동물)
21. 친구 때문에 속상한 적 있어?
22. 나 때문에 속상한 친구가 있었어?

23. 친구를 행복하게 해준 경험은?

24. 친구가 나를 행복하게 해준 경험은?

25. 다른 나라에 사는 가정 형편이 어려운 친구를 도울 수 있는 방법은?

26. 숨어 있다가 갑자기 친구를 놀라게 한 적이 있어?

27. 친구가 숨어 있다가 갑자기 나를 놀라게 한 적은?

28. 모르는 것을 쉽게 설명해주는 친구는?

29. 뒷담화는 왜 나쁘다고 하는 걸까?

30. 뒷담화 때문에 친구 사이가 멀어진 경험은?

31. 친구에게 추천하고 싶은 책(노래, 영화 등)이 있다면?

32. 주변에서 위로가 필요한 친구는?

33. 반 친구 중에 가장 격려가 필요한 친구는 누굴까?

34. 격려를 가장 잘 해주는 친구는 누굴까?

35. 나를 가장 잘 이해해주는 친구를 누굴까?

36. 내가 가장 잘 이해하는 친구는 누굴까?

37. 짓궂은 장난을 자주 하는 친구는?

38. 내가 친구에게 한 가장 짓궂은 장난은?

39. 별로 알고 싶지 않은데 친구가 얘기해서 끝까지 들었던 것은?

40. 더 친해지고 싶은 친구는 누구야?

칭찬과 격려가 우리 일상에서 어떻게 빛나는지 알고자 할 때

1. 오늘 들었던 칭찬은 무엇일까?

2. 칭찬을 들었을 때 기분은?

3. 아빠 엄마한테 들은 칭찬 중 기억에 남는 것은?

4. 엄마 아빠한테 칭찬해주고 싶은 것은?

5. 형제자매한테 칭찬해주고 싶은 것은?

6. 칭찬을 들었는데 오히려 기분이 나빴던 적이 있었을까?

7. 칭찬이 필요한 이유가 뭘까?

8. 자신이 아는 사람 중에서 가장 칭찬을 잘하는 사람은?

9. 지금까지 가장 많이 들었던 칭찬은 뭐야?

10. 무엇을 칭찬이라 할까?

11. 칭찬의 반대말은 뭘까?

12. 올바르게 칭찬하는 방법은?

13. 칭찬하는 사람과 칭찬받는 사람, 어느 쪽을 택할까?

14. 격려를 받고서 용기가 생겼던 경험이 있었을까?

15. 격려가 가장 필요한 때는 언제일까?

16. 지금까지 들었던 최고의 격려는 뭘까?

17. 지금 아빠 엄마를 격려한다면 어떻게 할 수 있을까?

18. 격려가 없는 세상은 어떤 세상일까?

19. 격려를 가장 잘하는 선생님은?

20. 격려를 해주고 싶은 사람은?

놀이

1. 오늘 친구들과 무엇을 하면서 놀았을까?

2. 오늘 친구들과 함께 논 것을 좀 더 자세히 이야기한다면?

3. 게임하면서 노는 것과 몸을 움직이면서 노는 것 중 어느 것이 좋니?

4. 가장 재미없는 놀이는?

5. 친구들과 주로 뭘 하면서 놀까?

6. 친구들과 놀면서 싸운 적은?

7. 놀이를 하면서 세운 규칙이나 약속은?

8. 놀이할 때 세운 여러 가지 규칙이나 약속 중에서 가장 중요한 것은?

9. 자주 함께 노는 친구는 누굴까?

10. 주로 어디서 놀까?

11. 친구와 놀면서 많이 하는 이야기는 뭘까?

12. 오늘 누구랑 노는 게 즐거웠니?

13. 오늘 한 놀이 중에 가장 기억에 남는 것은 뭐야?

14. 놀면서 혹시 슬프거나 속상한 일이 있었어?

15. 우리 가족이 가장 즐겨 하는 보드게임은?

16. 새로운 보드게임 하나를 할 수 있다면 무엇을 사고 싶은가?

17. 한 번 하는 데에 시간이 가장 오래 걸리는 보드게임은?

18. 시작하면 얼마 지나지 않아 금방 끝나는 보드게임은?

19. 친구에게 보드게임 하나를 추천한다면?

20. 엄마 아빠가 아이들처럼 매일 게임을 1시간씩 한다면 어떨까?

질문이 우리에게 어떤 의미와 삶에 어떤 역할을 하는지?

1. 나에게 질문이란?

2. 내가 던진 최고의 질문은?

3. 함정이 있는 질문이 있을까?

4. 대답 없는 질문은 외로울까?

5. 내 인생을 바꾼 최고의 질문은?

6. 인류 역사를 바꾼 질문이 있을까?
7. 질문에는 반드시 대답이 필요할까?
8. 질문에 질문으로 대답할 수 있을까?
9. 내가 가족들에게 하는 질문과 가족들이 내게 하는 질문은?
10. 단 하나의 질문이 인생을 바꿀 수 있을까?
11. 닫힌 질문과 열린 질문 중 선호하는 것은?
12. 질문하는 것과 질문받는 것 중 무엇을 좋아하나?
13. 어떤 질문이 자신의 인생에 어떤 영향을 주었을까?
14. 질문을 이상하게 바라보는 사람은 무엇이 두려울까?
15. 솔직한 질문에 솔직한 대답을 하기 위해 필요한 것은?
16. "세상에 바보 같은 질문은 없다"는 말은 무슨 뜻일까?
17. 지금껏 받아 본 질문 중 가장 답하기 어려웠던 질문은?
18. 내가 알고 있는 사람 중 가장 질문을 많이 하는 사람은?
19. 살아가는 동안 스스로에게 꼭 던져 봐야 하는 질문은 뭘까?
20. 자신의 삶에 영향을 미칠 수 있는 질문을 하나만 던진다면?

[가족] 가족을 더 잘 이해하고 친밀한 가족 관계를 원할 때

가족 관계 질문 밀키트

1. 나에게 가족이란? 그 이유는?
2. 아빠와 엄마를 무엇으로 비유할 수 있을까?
3. 가족 사이에 중요한 것과 우리 가족에게 가장 필요한 것은 뭘까?
4. 아빠(엄마)와 캐치볼을 한 마지막 때는?
5. 요즘 우리는 가족과 어떻게 대화를 나누고 있을까?

6. 엄마, 아빠는 결혼 전에 어떻게 사귀었을까?

7. 가족이 가장 멋지게 보였던 순간은?

8. 가족과 함께 있을 때 어떤 마음이 들어?

9. 가족들에게 받은 선물 중 가장 기억에 남는 것은?

10. 엄마 아빠를 다른 사람에게 소개해본다면?

11. 엄마 아빠한테 하고 싶은 말이 있다면?

12. 엄마 아빠를 설명할 수 있는 단어 하나를 고른다면?

13. 엄마 아빠가 했던 말 중에 가장 기억에 남는 것은?

14. 우리 가족만의 3대 뉴스를 찾아본다면?

15. 가족들의 꿈 이야기에서 기억나는 것은?

16. 서로를 배려하는 가족이 되려면 어떻게 해야 할까?

17. 나의 사랑의 언어는 무엇일까? (인정하는 말, 함께 하는 시간, 선물, 봉사, 스킨십)

18. 내가 아빠, 엄마라면 아이에게 하고 싶은 말은?

19. 내가 아이라면 엄마, 아빠에게 하고 싶은 말은?

20. 우리 가족 사이에서 너는 어떤 존재인 것 같아?

21. 우리 집에서 나의 역할은?

22. 가족 사이에 갈등은 왜 생길까?

23. 가족들 모두에게 하고 싶은 말은?

24. 이번 주 토요일, 가족 모두가 함께할 구체적인 계획을 세워 본다면?

25. 집에서 지켜야 할 약속 중에서 따르기 힘든 것은?

26. 아빠, 엄마 이름의 뜻은 무엇일까?

27. 아이의 이름을 지을 때 어떤 생각과 마음이 들었을까?

28. 가족이 소중하게 느껴졌던 적은 언제였을까?
29. 가족 있어서 행복한 이유는?
30. 엄마 아빠한테 들은 할아버지 할머니 이야기가 뭘까?
31. 할아버지 할머니한테서 들은 아빠 엄마 어린 시절 이야기가 뭘까?
32. 아빠나 엄마가 눈물을 흘리는 것을 본 적은?
33. 일주일에 가족과 함께 하는 시간이 얼마나 될까?
34. 최근에 가족들과 보낸 가장 즐거웠던 시간은?
35. 가족 중에서 가장 관심이 필요한 사람은 누굴 것 같아?
36. 내일 지구가 멸망한다면 오늘 우리 가족은 무엇을 할까?
37. 우리 가족은 집안일을 어떻게 분담하고 있을까?
38. 가족들에게 부탁하고 싶은 것이 있을까?
39. 서로에게 감사한 점은?
40. 가족끼리 하이파이브를 한다면?
41. 혹시 가족들에게 미안했던 일이 있었을까?
42. 아이들에게 물려주고 싶은 세상은?
43. 사과했을 때 화내지 않고 용서를 해준 적은?
44. 가족 모두가 서로서로 꼭 안아준다면?
45. 엄마, 아빠가 어렸을 적 좋아했던 과목이나 잘했던 것은?
46. 가족들에게 나는 어떤 사람이 되고 싶을까?
47. 우리 가족의 어떤 점이 좋을까?
48. 지금 활짝 웃는 모습으로 사진을 찍어본다면?
49. 엄마, 아빠는 학창 시절 어떤 고민들을 했을까?
50. 아빠, 엄마와 함께하고 싶은 운동은?

51. 아이들과 함께하고 싶은 활동은?
52. 우리 모두는 서로에게 어떤 사람으로 기억되고 싶을까?
53. 제일 하기 싫은 숙제는 무엇일까?
54. 제일 하기 힘든 일은 무엇일까?
55. 엄마, 아빠에게 혼날 때 어떤 생각과 느낌이 들었을까?
56. 나만이 할 수 있는 특별한 또는 사소한 능력은 뭘까?
57. 요즘 어떤 것이 나를 즐겁게 할까?
58. 학창 시절 제일 즐거웠던 것은?
59. 내 인생을 다섯 글자로 표현한다면?
60. 아빠, 엄마가 하지 말았으면 하는 것은?
61. 아이가 앞으로 하지 말았으면 하는 것은?
62. 가장 친한 친구는 누구이며, 친구를 색깔로 표현한다면?
63. 학창 시절 가장 기억에 남는 친구는?
64. 엄마, 아빠 외에 닮고 싶은 사람은 누가 있을까?
65. 아이에게 만나게 해주고 싶은 사람은?
66. 오늘 하루 어떻게 보냈을까?
67. 오늘 하루 있었던 일들을 차근차근 이야기해볼까?
68. 엄마, 아빠에게 선물해 주고 싶은 것은?
69. 아이들에게 남겨주고 싶은 유산은?
70. 엄마, 아빠는 마음이 아프고 속상할 때 어떻게 해결할까?
71. 마음이 아프고 속상할 때 나는 어떻게 해결할까?
72. 엄마, 아빠에게 가장 듣고 싶은 말은?
73. 아이에게 듣는 말 중 가장 기분 좋은 말은?

74. 아빠, 엄마가 존경스러웠던 적은 언제일까?

75. 아이가 자랑스러웠던 적은 언제일까?

76. 성공한 인생이란 어떤 것일까?

77. 행복한 하루하루란 어떤 것일까?

78. 지금 배우는 것들 중 나중에 가장 잘 활용될 것은 무엇일까?

79. 살면서 꼭 배웠으면 좋겠다 싶은 것은?

80. 가족들의 얼굴을 1분씩 빠르게 그려본다면?

81. 가족들과 함께 노래를 불러 본 경험은?

82. 도화지와 색깔 펜을 들고 밖으로 나가 보이는 풍경을 가족이 돌아가면서 한 차례씩 그림을 그린다면 어떤 작품이 될까?

83. 온 가족이 몇 분 동안 말하지 않고 눈빛과 동작으로만 소통이 가능할까?

84. 아이가 자주 하는 게임에 대해 아빠 엄마는 얼마나 알고 있을까?

85. 어렸을 적 가장 좋아했던 간식은?

86. 가족과 함께 보낸 시간들 중 되돌아가고 싶은 순간은?

87. 인생에서 가장 되돌아가고 싶은 시절은?

88. 요즘 내가 엄마 아빠에게 많이 하는 질문은?

89. 엄마 아빠에게 바라는 점은?

90. 엄마 아빠랑 수학 공부를 한다면 어떨 것 같아?

진로 질문 밀키트

1. 내가 꿈꾸고 희망하는 직업이 있다면?

2. 그 직업을 떠올렸을 때 도움을 준 분(것)은? (엄마, 아빠, 친구, 선생

님, 책, 인터넷 등)

3. 엄마 아빠가 추천하는 미래 직업은?
4. 내가 꿈꾸는 직업은 15년 후에 그 직업은 어떻게 될까?
5. 성격, 말과 행동, 관계 면에서 자신의 장점은?
6. 성격, 말과 행동, 관계 면에서 좀 더 나아졌으면 하는 점은?
7. 무엇을 할 때 가장 재미를 느껴?
8. 최근에 다른 친구를 도왔던 경험은?
9. 어떻게 그런 마음이 생겼어?
10. 그런 경험을 통해 깨달은 것은 뭐야?
11. 평생 집중해서 공부해 보고 싶은 분야가 있다면?
12. 요즘 무엇을 할 때 가장 행복을 느껴?
13. 너의 가장 큰 매력은 무엇이야?
14. 부모님은 직업을 선택할 때 무엇이 기준이 되어야 한다고 하실까?
15. 내가 생각하는 가장 멋진 직업은?
16. 내가 생각하는 가장 즐거운 직업은?
17. 내가 생각하는 가장 가치 있는 직업은?
18. 엄마 아빠의 직업 이야기를 들어본 경험은?
19. 해결되길 바라는 우리 사회 문제가 있다면?
20. 그 문제를 해결하기 위해 노력하는 분들은 누구일까?
21. 그분들은 어떤 방식으로 문제를 해결하려고 노력하고 있을까?
22. 문제가 해결되면 우리 사회는 어떻게 달라질까?
23. 문제 해결을 위해 내가 노력할 수 있는 일은?
24. 우리 사회에서 어떤 사람들에게 가장 관심이 가?

25. 왜 그런 관심이 생겼어?

26. 30년 후의 자신의 모습은 어떨 것 같아?

27. 친구와 다른 너만의 개성이나 특징은?

28. 그 개성과 특징에 대해 친구들은 어떤 이야기를 해?

29. 혹시 닮고 싶은 롤모델이 있어?

30. 그분은 어떻게 해서 그렇게 되었을까?

31. 자녀의 미래를 위해 부모가 해야 할 소중한 일은 뭘까?

32. 좋아하는 일과 잘하는 일 중 하나를 택해야 한다면?

33. 생각만 해도 설레는 일이 있다면?

가족 100문 100답 밀키트

가족 100(90)문 100(90)답 밀키트 특징과 방법

① 특징: 한때 유행했던 100문 100답이 있다. 가족이 함께할 수 있도록 질문을 정리했다. 바로바로 답이 나오는 질문이기에 즐겁게 대화를 나눌 수 있다.

② 방법: 질문에 대해 모르겠다고 하면 쿨하게 넘어간다. 시간이 넉넉하다면 '왜?'라는 질문을 던지면 더욱 풍성하게 대화가 이루어진다.

1. 내 장점과 단점은?

2. 제일 친한 친구와 언제부터 친해졌을까?

3. 가장 통화를 많이 하는 사람은?

4. 다가올 생일에 받고 싶은 선물은?

5. 지금 읽고 있는 책은?

6. 평소 기상 시간과 취침 시간은?

7. 최장 수면 시간과 최단 수면 시간은?

8. 시간이 날 때 즐겨 하는 것은?

9. 집에서 심심할 때 하는 일은?

10. 아침에 일어나서 제일 먼저 하는 일은?

11. 자기 전에 마지막으로 하는 일은?

12. 잠버릇은?

13. 좋아하는 가수와 배우는?

14. 요즘 자주 듣는 노래는?

15. 기억에 남는 영화는?

16. 잘 입는 옷 스타일은?

17. 즐겨보는 유튜버가 있다면?

18. 좋아하는 음식과 싫어하는 음식은?

19. 좋아하는 친구가 있다면? 또는 이상형은?

20. 자신과 친해지는 법은?

21. 요즘 가장 하고 싶은 것은?

22. 내 목표(꿈, 장래희망)는?

23. 나의 MBTI는 무슨 유형?

24. 습관, 버릇은?

25. 특기(잘하는 것)는?

26. 좋아하는 계절과 싫어하는 계절은?

27. 아침, 오전, 오후, 저녁, 밤 중 기분이 가장 좋은 시간은?

28. 좋아하는 색깔과 싫어하는 색깔은?

29. 좋아하는 과일과 싫어하는 과일은?

30. 좋아하는 반찬과 도저히 못 먹는 반찬은?
31. 지금 카톡 프사는?
32. 내 성격을 한마디로 표현하면?
33. 가장 오래 자전거를 탄 시간은?
34. 잠이 안 올 때 하는 것은?
35. 좋아하는 라면은?
36. 단 음식, 짠 음식, 매운 음식 중 좋아하는 것은?
37. 세상에서 가장 무서운 것은?
38. 민트초코를 좋아하나 싫어하나?
39. 나만의 스트레스 해소법은?
40. 인생 좌우명이 있다면?
41. 최근 가장 웃겼던 말은?
42. 내가 가진 것 중 가장 비싼 것은?
43. 지금까지 대답하면서 드는 느낌은?
44. 내가 가진 것 중 가장 오래된 것은?
45. 내가 가진 것 중 가장 예쁜 것은?
46. 내가 가진 것 중 가장 작은 것은?
47. 가장 아끼는 물건은?
48. 좋아하는 옷 브랜드는?
49. 내 추억이 담긴 물건은?
50. 내가 주로 하는 SNS는?
51. 내 게임 닉네임과 그 뜻은?
52. 용돈을 받으면 가장 많이 쓰는 곳은?

53. 죽을 때 유언으로 남기고 싶은 말은?

54. 내 묘비명은?

55. 내 친구가 죽으면 내가 가장 먼저 할 행동은?

56. 물냉 vs. 비냉?

57. 내가 잘하는 음식이 있다면?

58. 좋아하는 동물은?

59. 나의 별명은?

60. 내 발 사이즈는?

61. 요즘 가장 갖고 싶은 물건은?

62. 내가 결혼하고 싶은 나이는?

63. 내가 좋아하는 꽃은?

64. 요즘 가장 심각한 고민은?

65. 내가 가장 아팠을 때는?

66. 친구가 약속 시간에 30분 늦었을 때 나는?

67. 1년 전 나에게 해주고 싶은 말은?

68. 10년 후 나는 어떤 모습일까?

69. 내가 가진 기억 중 가장 어릴 때의 기억은?

70. 내가 가진 기억 중 가장 즐거웠던 기억은?

71. 내가 가진 기억 중 가장 신기했던 기억은?

72. 100만 원이 생기면 하고 싶은 것은?

73. 하루 식사 횟수는?

74. 내가 가장 좋아하는 단어는?

75. 내가 자주 쓰는 말은?

76. 내가 좋아하는 공간은?

77. 여행 가면 가고 싶은 지역, 나라는?

78. 내가 갖고 싶은 초능력은?

79. 태어나서 가장 감동받았던 순간은?

80. 태어나서 가장 많이 울어 본 순간은?

81. 자신이 가장 존경스러웠을 때는?

82. 자신이 가장 한심스러웠을 때는?

83. 비가 올 때 하고 싶은 것은?

84. 눈이 올 때 하고 싶은 것은?

85. 아무리 해도 질리지 않는 것은?

86. 하루 중 가장 행복한 때는?

87. 가장 좋아하는 과자는?

88. 방귀가 나오려고 해서 참느라 힘들었던 때는?

89. 100문 100답 이후 할 일은?

90. 문답을 마친 나에게 하고 싶은 말은?

[사회] 세상의 다양한 분야에 호기심 있게 탐구하고자 할 때

1. 결혼은 왜 할까?

2. 정치란 무엇일까?

3. 30년 후에 사라질 것들은?

4. 엄마 아빠는 왜 일하러 가야 할까?

5. 어떻게 하면 노벨상을 탈 수 있을까?

6. 세상에는 왜 다양한 언어가 있을까?

7. 세상에는 왜 부유한 자와 가난한 자가 있는 걸까?

8. 우리는 왜 학교에 가야 할까?

9. 하면 안 되는 일이 왜 이렇게 많을까?

10. 뉴스는 왜 봐?

11. 세상엔 왜 나쁜 일이 일어날까?

12. 약속은 꼭 지켜야 할까?

13. 이름은 왜 있을까?

14. 어른들은 왜 커피를 마실까?

15. 돈이면 무슨 일이든 다 될까?

16. 어른은 모르는 게 없을까?

17. 연극은 누가 처음 만들었을까?

18. 이름을 빨간색으로 쓰면 안 되는 걸까?

19. 너는 공평이 무엇이라고 생각해?

20. 공평하지 않으면 왜 문제가 될까?

21. 우리 집에서 공평하지 않은 모습이 있을까?

22. 우리 가족 모두가 이민을 가게 됐어. 어느 나라에서 살고 싶어?

23. 우리는 그 나라에서 무슨 일을 하면서 살 수 있을까?

24. 무인도에 혼자 있게 되었어. 구조대가 오는 데 한 달이 걸려. 어떻게 버틸 수 있을까?

25. 정직하게 게임하거나 대결해서 진 경험은?

26. 정직하게 경쟁해서 이겨 본 경험은?

27. 경쟁할 때 꼭 이겨야만 하는 걸까?

28. 내가 생각하는 부자의 기준은?

29. 그 기준에 맞게 부자가 되려면 어떤 노력이 필요할까?

30. 마음대로 쓸 수 있는 10만 원이 생겼어. 이 돈은 3시간 안에 쓰지 않으면 사라져. 어디에 쓰고 싶어?

31. 만약 창업한다면 무엇을 만드는 회사를 세우고 싶어?

32. 가족들이 원하는 외식 메뉴가 다를 때 주로 어떻게 해결해?

33. 전쟁은 왜 일어날까?

34. 전쟁이 일어나지 않으면 어떤 노력이 필요할까?

35. 전쟁이 일어나면 가장 심하게 피해를 입는 사람들은?

36. 인류 역사 중 가장 치열했던 전쟁은?

37. 전쟁은 왜 일어나지 말아야 할까?

38. 이웃 나라 전쟁 때문에 부자가 된 나라는?

39. 말만으로 사람을 사랑할 수 있다고 생각해?

40. 왜 우리가 존귀하고 특별한 존재일까?

[교과] 자연·환경·과학

1. 하늘은 왜 파랄까?

2. 나뭇잎은 왜 초록색일까?

3. 왜 1+1 = 2일까?

4. 공은 왜 둥글까?

5. 배는 왜 고플까?

6. 꿈은 왜 꿀까?

7. 몸은 왜 아픈 걸까?

8. 배꼽은 왜 있을까?

9. 머리카락은 왜 자랄까?

10. 아기는 어떻게 생길까?

11. 사람은 누가 만들었을까?

12. 왜 남자와 여자가 있는 걸까?

13. 남자와 여자는 왜 서로 다를까?

14. 외계인과 UFO가 있을까?

15. 과학자들은 무슨 일을 할까?

16. AI도 양심을 가질 수 있을까?

17. 만약 공이 네모 모양이라면?

18. 지구는 앞으로 얼마나 더 돌까?

19. 왜 푸딩은 말랑말랑하고 돌은 딱딱할까?

20. 화성인에게 인류를 어떻게 설명할까?

21. 낮에 온 세상을 깜깜하게 하는 방법은?

22. 사람은 자고 있을 때도 생각할까?

23. 시곗바늘은 왜 계속 오른쪽으로만 돌까?

24. 동물 이름은 어떻게 생겼을까?

25. 사람들이 얼굴이나 피부 빛이 서로 다른 이유는?

26. 약한 동물을 잡아먹는 사자는 나쁜 동물일까?

27. 모기가 물면 왜 붓고 가려울까?

28. 공룡은 어디로 갔을까?

29. 천둥과 번개를 왜 생길까?

30. 무지개는 왜 생길까?

31. 여름은 왜 더울까?

32. 강물은 어디로 흘러갈까?

33. 바닷물은 왜 육지를 넘어오지 않고 경계를 계속 지킬까?

34. 비는 왜 내리고 물은 왜 얼까?

35. 지구 중심에는 무엇이 있을까?

36. 우주는 어떻게 해서 생겼을까?

37. 밤에는 왜 어두워질까?

38. 해가 뜨면 왜 빛이 나고 별은 왜 반짝일까?

39. 달은 왜 자꾸 나를 따라올까?

40. 비행기는 어떻게 하늘을 날 수 있을까?

41. 인공위성은 어떤 일을 할까?

42. 배는 어떻게 물 위에 뜰까?

43. 나무는 매일 몇 시간 정도 잠을 잘까?

44. 보거나 만질 수는 없지만 분명하게 존재하는 것은?

45. 왜 감자튀김만 먹고는 살 수 없을까?

[그 외] 독서 생활 관련 질문

독자와 책

1. 책 가격은?

2. 출판사는 어디야?

3. 책 페이지 수는 얼마나 돼?

4. 이 책은 언제 출판되었어?

5. 책의 갈래(장르)는? (시, 소설, 수필, 희곡, 평론, 그림책 등)

6. 책 제목은 무슨 뜻일까?

7. 책 제목을 보고 떠오르는 단어를 3개만 말해 줄래?

8. 책 표지 색깔은?

9. 책 표지를 보며 설명해줄래?

10. 표지를 보면 어떤 내용이 펼쳐질 것 같아?

11. 책에는 왜 목차가 있는 것 같아? 목차가 중요할까?

12. 목차를 보니 어떤 사건이나 인물이 나올 것 같아?

13. 그림이 많은 책이야?

14. 현재 몇 페이지 읽는 중이야?

15. 그 책 재미있어?

16. 언제 이 책을 다 읽었어?

17. 책 읽을 때 가장 좋은 장소는 어디야?

18. 평소 책 읽는 시간이 얼마나 돼?

19. 이 책은 어디에서 샀어? 아니면 누가 선물해 줬어?

20. 친구가(부모님, 선생님) 추천해서 읽은 책이 있어? 어떤 책이야?

21. 책을 읽다가 재미가 없으면 어떻게 해? 꾹 참고 끝까지 다 읽어? 아니면 중간에 다른 책으로 바꿔?

22. 책은 꼭 끝까지 다 읽어야만 할까? 아니면 자신이 읽고 싶은 부분만 읽어도 될까?

23. 최근에 처음부터 끝까지 읽은 책은?

24. 책을 읽으면서 어떤 질문을 했어?

25. 책을 눈으로만 읽어? 아니면 소리 내어 읽기도 해?

26. 책 읽을 때 주로 어떤 음악을 들어?

27. 음악을 들으면서 책을 읽으면 방해가 돼?

28. 책을 읽고 나서 생각나는 느낌을 그림으로 그리기도 해?

29. 책 읽는 것을 좋아해?

30. 책 읽을 때 행복해?

31. 책 읽는 것이 좋아서 책을 읽어? 아니면 부모님이나 선생님이 얘기할 때만 읽어?

32. 책은 왜 재미가 없다고 생각해?

33. 책이 재미없다는 친구들에게 어떤 책을 추천해주면 좋을까?

34. 책이 스마트폰 동영상을 이길 확률은 얼마나 될까?

35. 네가 읽은 책 작가를 직접 만나 본 적이 있어?

36. 읽은 책 중에서 가장 재밌던 책과 가장 재미가 없던 책은?

37. 책 목차를 먼저 읽고 내용을 봐? 아니면 목차를 보지 않고 바로 내용을 읽어?

38. 네가 책 표지 디자인을 다시 한다면 어떤 표지를 만들고 싶어? 한번 표지를 만들어볼까?

39. 책을 읽다가 모르거나 이해가 안 되는 낱말이 나오면 어떻게 해결해? 그냥 넘어가? 아니면 인터넷 검색을 하거나 질문해서 확인해?

40. 책을 읽은 다음에 책과 관련해서 네가 무엇을 하는지 궁금해. 읽은 느낌이나 생각을 기록으로 남겨? 기록으로 남기진 않지만 사람들과 책 이야기를 해? 기록하거나 얘기하기보다 그냥 책만 읽는 편이야?

41. 책 읽기 전에 관련 영상을 먼저 보는 게 좋을까, 아니면 책을 다 읽은 다음에 보는 게 좋을까?

42. 책과 관련된 영화나 영상을 보면 어떤 도움이 될까?

43. '하루에 책을 몇 분 정도 읽겠다', '올해는 책을 몇 권 정도 읽겠다'는

등의 독서 목표를 정하고 계획을 세우기도 해?

44. 독서 계획을 멋지게 세웠어도 실천하지 못하는 이유가 뭘까?
45. 독서 목표와 계획을 세워서 50% 이상 성취한 경험이 있을까?
46. 어떻게 하면 독서 목표와 계획을 세워 제대로 실천할 수 있을까?
47. 올해는 책을 몇 권 정도 읽고 싶어?
48. 한 달에 책은 몇 권까지 읽는 편이야?
49. 번갈아 가며 소리 내어 읽으면 어떤 점이 좋을까?
50. 소리 내어 책을 읽으면 어떤 점이 좋을까?
51. 소리 내어 책을 꾸준하게 읽어 본 경험은?
52. 눈으로 책을 읽는 것과 소리 내어 책 읽는 것은 어떻게 다를까?
53. 역사상 낭독(朗讀)과 묵독(默讀) 중 어느 것이 더 오래되었을까?
54. 책을 빨리 읽는 것의 장점과 단점은?
55. 책을 선택할 때 기준이 뭘까?

⇒ 책 제목/ 책 표지/ 작가/ 목차와 서문/ 미리보기/ 베스트셀러/ 지인 추천/ 광고

56. 내 인생 최고의 책 중에 이 책은 몇 번째일까?
57. 책을 광고한다면 어떻게 소개할까? (설명, 그림, 노래, 연기 등)
58. 책을 보았을 때 첫 느낌은?
59. 책을 읽으면서 어려웠던 점은 무엇일까?
60. 자신과 가장 비슷한 책 속 인물은?
61. 책에서 가장 마음에 드는 인물은?
62. 책 속으로 들어간다면 어떤 등장인물을 만나서 무슨 얘길하고 싶어?
63. 눈물을 흘릴 정도로 (가슴이 찡할 정도로) 가장 감동적인 장면은?

64. 주인공과 어울리는 단어는?

⇒ 경청, 공감, 끈기, 바른 마음, 보살핌, 부지런, 생명존중, 솔선, 우정, 자연사랑, 자유, 절약, 정돈, 정성, 즐거움, 질서, 착한 마음, 평화, 함께하기, 협동, 희망, 감사, 겸손, 공평, 관용, 절제, 신뢰, 배려, 보람, 사랑, 성실, 신중, 약속, 양심, 예의, 용기, 유머, 이해심, 인내, 자신감, 정직, 존중, 책임, 친절, 행복, 양보, 희생

65. 네가 주인공이라면 어떻게 행동할 거야?

66. 주인공이 된다면 어떤 일을 하고 싶어?

67. 나에게 주인공과 같은 사건이 일어난다면 어떻게 해결할까?

68. 이 책이 독자를 끌어들이는 매력은?

69. 책을 읽고 떠올랐던 자신만의 경험은 무엇일까?

70. 책에 있는 물건 중에서 가장 갖고 싶은 것은?

71. 책에서 기억나는 장면은?

72. 책에서 가장 재미있는 장면은?

73. 가장 인상 깊은 장면을 떠올리며 네 컷 만화로 그려볼까?

74. 기억나는 장면에서 주인공의 표정을 그림으로 그려볼까?

75. 너는 어떻게 이 책을 읽게 되었어?

76. 책을 읽게 된 특별한 계기가 있어?

77. 가족과 함께 책을 읽고 나서 책 퀴즈를 만들어볼까?

78. 가족과 함께 책에 나오는 단어들을 골라 빙고 게임을 해볼까?

79. 등장인물도 다양한 사건을 경험하면서 그때마다 여러 가지 감정을 경험하잖아. 사건에 진행되면서 등장인물의 감정이 어떻게 바뀌는지 변화된 감정을 3가지만 써 볼까?

⇒ 두렵다, 겁먹다, 깜짝 놀라다, 망설이다, 혼란스럽다, 긴장되다, 마음이 아프다, 억울하다, 외롭다, 우울하다, 실망하다, 후회하다, 방어적이다, 못마땅하다, 역겹다, 지루하다, 짜증 나다, 고마워하다, 명랑하다, 씩씩하다, 섬세하다, 평온하다, 희망에 차다, 놀랍다, 창의적이다, 소중하다, 감사하다, 만족하다, 느긋하다, 받아들여지다, 연결되어 있다, 기뻐하다, 활기차다

80. 그 책을 선택한 특별한 이유가 있어?
81. 책을 추천한 사람은 누구야?
82. 만약 이 책을 추천한다면 이유를 말해줄래?
83. 책을 가장 추천하고 싶은 사람은?
84. 책을 덮고 난 후 느낌은?
85. 책을 읽으면서 밑줄 긋거나 메모한 부분은 어디야?
86. 책에서 가장 인상 깊은 장면은?
87. 책에서 가장 기억에 남는 것은?
88. 책을 읽으면서 기억에 남는 문장이나 상황이 있다면?
89. 공감이 되는 내용은?
90. 공감할 수 없는 내용은?
91. 책 속 인물의 입장에서 일기를 써 본 적 있어?
92. 책에서 가장 중요한 부분은 무엇이라고 생각해?
93. 이 책이 꼭 필요한 친구는?
94. 이 책 평점을 매긴다면? (5점 만점 중 몇 점?)

- 5점 : 책을 두 번, 세 번 다시 읽고 싶음. 재밌어서 모든분들께 추천.
- 4점 : 재밌지만 한 번 읽으면 충분한 정도. 자신 있게 추천.

- 3점 : 개인적으로 재밌게 읽음. 그러나 추천할 정도는 아님.

- 2점 : 책 내용이 이해가 되지만 재미있지는 않음. 추천하기 힘듦.

- 1점 : 책 내용이 이해가 되지 않고 재미도 없음. 절대 비추.

95. 프랑스 작가 다니엘 페낙은 저서《소설처럼》에서 '무엇을 어떻게 읽든 침해할 수 없는 독자의 권리 열 가지'를 다음과 같이 소개했어. 공감되는 것을 모두 고르면?

⇒ 책을 읽지 않을 권리 / 건너뛰며 읽을 권리 / 책을 끝까지 읽지 않을 권리 / 책을 다시 읽을 권리 / 아무 책이나 읽을 권리 / 책 읽으며 마음대로 상상에 빠져들 권리 / 아무 데서나 읽을 권리 / 군데군데 골라 읽을 권리 / 소리 내서 읽을 권리 / 읽고 나서 아무 말도 하지 않을 권리

작가

1. 작가가 책을 쓴 이유는 뭐고 목적은 뭘까?
2. 작가가 책을 쓰게 된 계기는?
3. 이 책은 왜 세상에 나왔을까?
4. 작가가 독자에게 전하고자 하는 메시지는?
5. 작가가 세상을 바라보는 관점은?
6. 글에 나타난 작가의 특징은?
7. 글에서 만날 수 있는 작가만의 매력이 있다면?
8. 좋은 작품을 쓰는 작가가 되기 위해서 어떤 노력이 필요할까?
9. 작가는 책 내용과 관계가 있는 어떤 경험을 직접 해보았을까?
10. 작가가 책을 쓰면서 힘들었거나 어려웠던 점은 뭘까?
11. 작가는 이 책을 다 쓰고서 어떤 감정이 들었을까?

12. 작가에게 하고 싶은 말이 있다면?

13. 작가를 직접 만난다면 어떤 질문을 하고 싶어?

14. 작가가 쓴 다른 작품은?

15. 작가는 책을 쓰고서 얼마나 많은 독자들을 만났을까?

16. 작가가 독자들에게 듣고 싶은 이야기가 있을까?

17. 작가 자신은 스스로의 독자가 될 수 있을까?

주제, 사건, 배경

1. 책의 줄거리는?

2. 중요한 사건이 시작된 계기는?

3. 그 사건이 일어난 이유와 배경은?

4. 핵심 사건이 발생한 원인과 그 사건을 일으킨 사람은?

5. 사건 때문에 피해를 본 사람들은 누구야?

6. 가장 재밌는 사건과 기억에 남는 사건은?

7. 가장 핵심적인 사건은?

8. 사건이나 문제를 해결하기 위해 어떤 노력이 필요할까?

9. 작품의 결말은 어떻게 돼?

10. 다음 이어질 내용을 상상한다면?

11. 내가 작가라면 바꾸고 싶은 결말이나 사건은?

12. 사건이 일어난 시간적 배경과 공간적 배경은?

13. 사건이 어떻게 진행되었는지 설명을 해줄래?

14. 지금까지 읽은 내용을 한 문장으로 정리하면?

15. 이해가 안 되는 장면이나 사건은?

16. 책을 읽으면서 주인공이 다른 선택을 하면 어떻게 달라졌을까?

17. 요즘 사람들과 책 속 시대 사람들 특징이 비슷해, 달라?

18. 책의 배경에 대해 아는 만큼 설명을 해본다면?

19. 책 속에서 고통받거나 어려움을 겪는 사람들은 누구야? 사람들은 무엇 때문에 힘들어하고 있어?

등장인물

1. 책 속에서 누가 가장 마음에 들어?

2. 왜 그렇게 생각했어? 인물의 어떤 면이 마음에 들어?

3. 좀 더 자세히 인물의 성격과 특징을 이야기해줄래?

4. 인물이 가진 강점과 약점은?

5. 별명을 하나 지어준다면?

6. 인물의 이름, 나이, 성별은 어떻게 돼?

7. 인물이 어떻게 생겼는지, 인물이 사는 곳은 어떤 모습인지 그림을 간단하게 그려볼까?

8. 만약 인물에게 노래를 들려 준다면 어떤 노래를 들려주고 싶어?

9. 인물의 직업과 인물의 가족은 어떻게 돼?

10. 인물은 어떤 꿈을 가지고 있어? 간절히 바라거나 찾는게 있을까?

11. 인물의 성품, 인생관을 엿볼 수 있는 사건은 뭐야?

12. 인물이 소중하게 생각하는 것은 뭘까?

13. 주인공이 삶을 대하는 마음가짐과 태도는?

14. 인물이 지혜롭게 문제를 해결했을까? 어떤 면에서 그럴까?

15. 인물의 말과 행동은 정의로웠을까?

16. 인물의 말과 행동 중 마음에 들지 않는 것은?

17. 등장인물이 겪은 사건에서 가장 해결하기 힘들었던 것은?

18. 주인공을 돕는 사람은?

19. 주인공 이외 문제를 해결하는 데 중요한 역할을 하는 인물은?

20. 등장인물이 된다면 누구를 선택할까?

21. 작품 속 악당은 어떤 나쁜 짓을 했어?

22. 등장인물 말과 행동 중 이해가 되지 않을 것은?

23. 실제 주변에서 등장인물과 닮았다고 생각되는 사람은?

24. 등장인물이 주변 사람들과 친밀하게 관계를 맺고 있을까?

25. 핵심 사건을 해결하기 위해 노력하는 인물은?

26. 인물이 사건 초반에 갑자기 죽는다면 사건이 어떻게 달라질까?

27. 인물의 말과 행동 중에서 칭찬할 만한 것은?

28. 등장인물 중 한 명을 골라 혼을 내야 한다면?

29. 가장 마음에 들지 않는 인물은?

30. 가장 지혜롭고 현명한 선택을 한 인물은?

31. 가장 어리석고 미련한 선택을 한 인물은?

32. 인물 간의 갈등이 팽팽할 때 자신이 돕고 싶은 인물을 변호한다면 어떻게 도와줄 것인가?

[부록 1]
뉴스와 신문 기사에서 찾은 디베이트 밀키트 메뉴

최근 우리 사회에서 논란이 되는 메뉴로 요리를 한다면 더욱 맛있게 즐길 수 있다.

1. '저속 지정차로제'를 도입해야 한다. (출처: [이슈 컷] "법 지키려면 목숨 걸어야" 라이더 370명은 왜 헌법소원을 냈나, 연합뉴스, 2020.11.12)

2. 제주도, 환경보전기여금을 도입해야 한다. (출처: 제2공항 여론 찬반 '팽팽'… 환경보전기여금 찬성 압도한라일보, 2022.02.17)

3. 난민 입국 규제를 완화해야 한다. (출처: 난민 입국 규제를 완화해야 할까요?, 전북일보, 2020.12.15)

4. 정규직 직원과 비정규직 직원과의 임금격차는 공정하다. (출처: 20대가 말한다, '능력주의'와 '공정', 한겨레, 2021.12.11)

5. 가짜뉴스를 막기 위해 정부는 포털사이트를 통제해야 한다. (출처: 가짜뉴스 타율규제보다 언론의 자율규제로 풀어야, 미디어오늘, 2021.08.01)

6. 길고양이에게 밥을 주면 안 된다. (출처: 길고양이 먹이주기, 어떻게 볼 것인가?, 전북일보, 2021.11.09)

7. 아이는 꼭 법적 부부에게서 태어나야 한다. (출처: 아이는 꼭 '법적 부부'에서 태어나야만 할까?, 한겨레, 2020.11.18)

8. 전동킥보드 규제를 완화해야 한다. (출처: 일상된 공유 킥보드…시장은 질

주하는데, 정책은 갈팡질팡, IT동아, 2021. 11. 05)

9. 임신 14주 이내 낙태를 허용해야 한다. (출처: 개정안만 던져놓고 논의는 '유야무야'…"낙태법, 입법 공백 상태 답답하다", 메디게이트뉴스, 2021. 10. 02)

10. BTS와 같은 대중문화예술 우수자는 병역 연기를 해줘야 한다. (출처: 아이돌 병역 연기… "국위선양에 당연" vs "개인활동에 특혜" [어떻게 생각하십니까], 파이낸셜 뉴스, 2020. 10. 15)

11. 노인들의 지하철 무임승차 제도를 폐지해야 한다. (출처: "'노인철' 문제 해소해야"-"정부가 지원해줘야" 전문가도 다른 생각, 동아일보, 2020. 09. 14)

12. 폐지 적정가를 보장해야 한다. (출처: "폐지 적정가 보장하라"…제지·폐지 업체 갈등, 매일경제, 2020. 09. 10)

13. 재택근무를 확대해야 한다. (출처: 노동부 "코로나19 위기 극복 위해 재택근무 확대해달라", 연합뉴스, 2021. 12. 23)

14. 도서정가제를 폐지해야 한다. (출처 : "제값 받아 숨통" vs "책값 비싸 분통"… 도서정가제 유지 논란, 국민일보, 2020. 11. 21)

15. 의사 정원을 확대해야 한다. (출처: '주 4.5일 근무, 연봉 3억'에도 의사 없는 지방의료원…"정부가 근본대책 세워야", 경향신문, 2021. 12. 12)

16. 카페에서 1회용 컵 사용을 금지해야 한다. (출처: 6월부터 카페 1회용컵에 보증금 300원 낸다, 매일경제, 2022. 01. 24)

17. ○○데이와 같은 기념일은 챙기지 말아야 한다. (출처: ○○데이와 같은 기념일은 필요한가?, 전북일보, 2020. 03. 12)

18. 여성도 병역의무를 져야 한다. (출처: 정치권이 다시 꺼낸 판도라의 상자 '여성 징병제'…이번엔 열릴까, 한국일보, 2021. 04. 24)

19. 교도소에서 온수를 허용해야 한다. (출처: "일주일에 딱 한번… 구치소 감

방도 온수 나오게 해주오", 세계일보, 2019.02.07)

20. 초등학교의 남교사 할당제를 실시하여야 한다. (출처: 10명 중 7명은 여교사…'남교사 할당제' 필요할까요?, 머니투데이, 2021.02.22)

21. 행정 수도를 이전해야 한다. (출처: [이슈토론] 행정수도 이전, 매일경제, 2020.08.06)

22. 초등학교 1,2 학년 쉬는 시간을 20-30분으로 늘려야 한다. (출처:초등 1·2학년 쉬는시간 늘린다... 교육과정 '놀이 중심'으로, 에듀인뉴스, 2019.05.24)

23. 고령자들의 운전을 제한해야 한다. (출처: 고령운전자 교통사고 10% 넘었다…"지난달 고령운전자 30% 육박", 매일경제, 2021.12.29)

24. 만14살 미만 유튜버는 단독 생방송을 하지 못하도록 규제해야 한다. (출처 : 만 14세 미만 유튜버 단독 방송 금지… 전문가들의 반응은?, 베이비뉴스, 2019.06.24)

25. 자녀 사진 SNS 공유는 정보노출이다. (출처 : 아이 사진 SNS 공유하는 엄마들…어떻게 봐야 하나?, 여성조선, 2021.08.30)

26. 외국인 지하철패스 도입해야 한다. (출처: 외국인 지하철패스 도입, 18개월째 '밀당 중', 매일경제, 2019.06.13)

27. 반려동물 울음은 현행법상 '소음'으로 간주해야 한다. (출처: 밤새 짖어도 막을 '법'이 없다, 경향신문, 2019.07.01)

28. 새벽배송 제도를 없애야 한다. (출처: 폐기율 '1%' 새벽배송…사람은 폐기되고 있습니다, 경향신문, 2020.11.07)

29. 출신지 물어보면 과태료를 내야 한다. (출처: 출신지 물어보면 과태로... 기업들"지역인재 어떻게 뽑으라고", 동아일보, 2019.07.08)

30. 답 없는 서술시험을 확대해야 한다. (출처: "수능 킬러 문항 탓 사교육 성

행…서술형·논술형 시험 도입 고민할 때", 경향신문, 2021.02.03)

31. 평화적 신념에 의한 병역거부를 허용해줘야 한다.(출처: "나의 신념은 아직도 시험받고 있다", 한겨레, 2021.06.23)

32. 스크린 상한제는 필요하다.(출처: '스크린 독과점' 논란…'영화법' 개정논의 불붙여, 법률신문, 2019.12.09)

33. 소방차 출동을 막는 차는 부숴도 된다.(출처: 소방차 막는 불법 주정차 차량 파손해도 될까?…"부숴라" 98%, 동아일보, 2019.05.23)

34. 노키즈존은 폐지되어야 한다.(출처: "노키즈존은 차별 아닌가요" 메타버스에서 대선 후보 만난 어린이들, 한겨레, 2022.02.09)

35. 가족 호칭 변화된 사회상에 맞게 바뀌어야 한다.(출처: '도련님', '아가씨' 나만 불편한가?…가족 호칭을 고민해야 하는 이유, 경향신문, 2019.02.04)

36. 스승의 날을 없애야 한다.(출처: 5월 15일은 교사 검열의 날?'스승의 날' 꼭 있어야 하나요, 노컷뉴스, 2018.05.15)

37. 지상파 중간광고를 금지해야 한다.(출처: 지상파까지 중간광고 허용 눈앞…시청권 보호 대책은?, 한겨레, 2021.04.07)

38. e스포츠를 정식 스포츠로 인정해야 한다.(출처: e스포츠는 왜 아직 스포츠가 되지 못했을까, 파이낸셜투데이, 2021.05.27)

39. 예술 표현의 자유는 보장되어야 한다.(출처: 혐오표현 규제 vs 표현의 자유, 그 기나긴 전쟁, 국민일보, 2017.09.29)

40. 정년을 65세로 연장해야 한다.(출처: 대선 앞두고 '정년 65세 연장' 불붙이는 文정부, 매일경제, 2021.04.14)

41. 모든 원전은 중지되어야 한다.(출처: '탈원전 논란' 언제까지 계속될까요, 한겨레, 2020.11.27)

42. 인간 복제를 허용해야 한다. (출처: [유전자 편집 아기 논란] 연구 허용하되 출산 별개, 동아사이언스, 2018.12.01)

43. 한자 교육을 강화해야 한다. (출처: 한자 교육 필요할까?, 충청신문, 2021.11.18)

44. 존엄사는 죽음에 대한 자기 권리이다. (출처: 존엄사, 어떻게 살아갈 것인가?, 전북일보, 2019.09.19)

45. 애완동물 장례에 대한 근거법이 제정되어야 한다. (출처: 반려인 50%가 펫로스…"왜 쓰레기봉투로 보내야 하나요?", 한겨레, 2022.02.18)

46. 극지방을 개발해야 한다. (출처: 기후 변화로 열리자 또 개발…파괴되는 북극 환경, MBC뉴스, 2021.12.03)

47. SNS에 실리는 내용을 규제해야 한다. (출처 : '악플 사각지대' 해외 SNS 플랫폼 어쩌나, 서울경제, 2022.02.08)

48. 다중이용시설마다 설치된 열화상 카메라를 사용을 제한해야 한다. (출처: "가까이 오라"던 열화상카메라, 내 얼굴 저장했다…"개인정보 유출 위험", 머니투데이, 2021.08.23)

49. 방송사에서는 획일화된 외모를 제한해야 한다. (출처: "예쁜 아이돌 비중 줄여라" 여가부 '문화 검열' 논란, 조선일보, 2019.02.18)

50. 대한민국 병역 제도를 징병제에서 모병제로 전환해야 한다. (출처: 대한민국 병역 제도를 징병제에서 모병제로 전환해야 할까요?, 전북일보, 2022.01.18)

51. 수능을 폐지해야 한다. (출처: "수능, 만든 내가 없애자고 할 정도로 변질… 폐지해야"[이진구 기자의 對話], 동아일보, 2021.12.27)

52. 익명 출산제를 도입해야 한다. (출처: 베이비박스 찾는 이유 다양한데… 정부 제시한 '익명출산제' 논쟁, 한국일보, 2021.07.19)

53. 사람을 공격해 숨지게 한 대형견을 안락사해야 한다. (출처: 사망사

고 일으킨 개, 어찌 하나요… "안락사가 답" vs "주인 처벌 강화해야", 조선일보, 2021.05.28)

54. 소비기한제를 도입해야 한다. (출처: 2023년 '소비기한제' 도입… "재고 줄고 환경 보호" vs "안전문제 우려", 동아일보, 2021.08.15)

55. 결혼을 해야만 진짜 가족이 될 수 있다. (출처: [마부작침] 결혼을 해야만 가족이 되는 걸까요?, SBS뉴스, 2022.02.01)

56. 택배기사 아파트 출입을 막아야 한다. (출처: "손수레로 배송" vs "단지 입구까지만"…다시 불 붙은 택배 갈등, 한국경제, 2021.04.08)

57. 대통령 피선거권 연령을 낮춰야 한다. (출처: [이슈체크K] "대한민국 '2030' 대통령 출마를 허하라", KBS뉴스, 2021.06.03)

58. 재판 중계를 허용해야 한다. (출처: [네이버 법률] 재판 중계 찬반 논란…네티즌 72%는 "찬성", 머니투데이, 2017.09.04)

59. 기본소득제도를 도입해야 한다. (출처: 경기연구원 "기본소득 도입, 국민 10명 중 8명 찬성", 한겨레, 2021.07.06)

60. 사법시험을 다시 부활시켜야 한다. (출처: 사시부활 논란에 법조계 갑론을박…변시폐단 심각 vs 시대착오적, 이데일리, 2022.02.19)

61. 유명 연예인의 특례입학은 정당하다. (출처: 유명하다는 이유만으로…바로 세워야 할 '특례 입학', SBS뉴스, 2018.01.29)

62. 인터넷 실명제를 도입해야 한다. (출처: 인터넷 댓글 실명제 도입, 매일경제, 2019.11.07)

63. 원격의료를 허용해야 한다. (출처: '찬반 논란' 원격의료…의료계 "기준 정립이 우선", 의사신문, 2021.08.09)

64. GMO완전 표시제를 시행해야 한다. (출처: GMO원료 사용하면 잔존여부 상관없이 표시 의무화, 식품음료신문, 2021.09.06)

65. 범죄 피의자 얼굴 사진을 공개해야 한다. (출처: 범죄 피의자 얼굴사진 공개, 매일경제, 2019.09.26)

66. 노인 연령 기준을 상향해야 한다. (출처: 매달 3만명씩 늘어난 노인…'젊은 노인' 300만명 넘었다. 머니투데이, 2021.12.24)

67. 코로나 이익 공유제를 도입해야 한다. (출처: [10대 공약] 대선후보들 코로나 극복 한목소리, 해법은 제각각(종합), 매일경제, 2022.02.13)

68. 설탕세를 도입해야 한다. (출처: [식품논단]설탕세, 식품음료신문, 2021.09.07)

69. 수술실 CCTV 설치를 의무화해야 한다. (출처: 찬반 논란 병원 수술실 CCTV 설치해 보니…환자 보호자 10명 중 8명 "만족한다", 매일경제, 2021.08.12)

70. 고교학점제를 도입해야 한다. (출처: 고교학점제 도입 '논란'…쟁점은 무엇?, KBS뉴스, 2021.08.16)

71. 육식과 채식은 비슷하다. (출처: "채식은 과연 옳은가?" 채식·육식에 대한 착각들, 한국일보, 2021.10.23)

72. 영화를 스포해도 된다. (출처: 유튜브 영화 '스포'이대로 괜찮을까?, 스냅타임, 2020.11.14)

73. 탕수육은 찍먹으로 먹어야 한다. (출처: 부먹 vs 찍먹… 끊이지 않던 '탕수육 취향 논란', 이 통계로 종결해 드립니다, 위키트리, 2021.03.14)

74. 외부 어린이들이 놀이터에서 노는 것은 '주거침입죄'에 해당한다. (출처: 아파트 놀이터 놀러온 아이들 신고한 주민대표 "주거침입, 사과 안 해", 조선일보, 2021.11.10)

75. 도시보다 시골이 살기 편하다. (출처: 스물일곱 귀농 3년차, "살만하냐?" 물음에 답합니다, 오마이뉴스, 2021.08.25)

※ 참고하면 좋은 사이트

어린이동아, http://kids.donga.com/ 신문논술

유치원생과 초등학생들을 위해 동알일보사에서 발행하는 어린이 신문. '어린이 동아-배움터-신문논술-이주의 나도 토론왕' 코너에 들어가면 찬반이슈들을 만날 수 있습니다.

한국경제 생글생글, https://sgsg.hankyung.com/ 시사교양

한국경제신문사에서 발행하는 중고등학생을 위한 경제, 논술신문.
'생글생글-시사교양'으로 들어가면 여러 이슈가 있습니다.

매일경제, https://www.mk.co.kr/ 이슈토론

매일경제 신문사에서 이슈토론 코너를 운영. 이슈토론 코너에서는 사회적으로 논란이 되고 있는 주제를 가지고 그 분야의 전문가들이 찬성 반대 입장에서 주장하는 글을 소개합니다.

전북일보, https://www.jjan.kr/ NIE

전북일보 신문사에서 학교 현장에 계신 선생님들이 돌아가며 NIE원고를 기획 연재. 토론하고 생각해볼 주제들이 많습니다. 무엇보다 자녀들과 함께 신문을 활용해 공부할 수 있어 좋습니다.

아하!한겨레, http://www.ahahan.co.kr/

아하!한겨레는 한겨레 신문에 실린 기사, 칼럼, 사설 등을 쉽게 읽을 수 있도록 편집. 교실에서 배운 지식을 사회현상에 적용하면서 이해하는 과정을 통해 교과 지식이 '삶'과도 무관한 것이 아님을 깨닫게 해줍니다.

[부록2] (엄마 아빠를 위한)

삶과 일상을 새롭게 바라보는 인생 질문 224

1. 여자와 남자는 왜 늘 평행선인 걸까?
2. 잘해줘서 좋아하는 걸까? 좋아해서 잘하는 걸까?
3. 새로운 기술을 배울 수 있다면, 무엇을?
4. 자신의 모습에 실망하고 있을까?
5. 급한 상황에서 영웅적인 행동을 할 수 있을까?
6. 지금 왜 이걸 하고 있을까?
7. 내 인생에서 가장 소중한 스승은 누구였을까?
8. 다른 사람의 허락 없이 할 수 있는 일은 뭘까?
9. 나는 어떤 종류의 책임감을 가지고 있을까?
10. 이걸 사면 정말 행복해질까?
11. 죽기 직전, 무엇이 생각날까?
12. 사랑이란 뭘까?
13. 다른 사람에게 비열한 행동을 하지 않았을까?
14. 시작하기 전에 충분히 생각했을까?
15. 오늘 어떻게 돈을 벌었을까?
16. 사랑하는 사람의 거짓말에 눈감을 수 있을까?
17. 왜 하필 이런 습관이 생겼을까?
18. 가장 크게 후회한 일이 있다면?

19. 무엇을 얻기 위해서는 왜 대가를 지불해야 할까?
20. 지금 이 일을 왜 하고 있을까?
21. 내가 나에게 하는 말이 들릴까?
22. 가질 수 없는 것을 원하고 있을까?
23. 같은 실수를 반복했던 적은?
24. 누구를 위해 시간을 쓰고 있을까?
25. 실패의 순간이 다가올 때 어떤 기분이 들까?
26. 왜 다른 사람에게서 답을 찾으려고 했을까?
27. 시간을 잃어버리고 있는 게 아닐까?
28. 어떻게 배우는 게 잘 배우는 것일까?
29. 인생에서 무엇을 찾고 있을까?
30. 나는 내 시간의 조정자일까?
31. 실패가 아니라 발견이라면?
32. 과학과 이성의 힘을 믿을까?
33. 인생의 걸림돌, 장애물이라고 생각되는 것은?
34. 돌아보면 무엇이 보일까?
35. 무엇이 나를 자극하는가?
36. 깨고 싶은 규칙을 찾았다면, 그 이유는?
37. 테러 지역에서 가장 필요한 것은?
38. 진심으로 원하는 게 무엇인지 알고 있을까?
39. 안전지대에서 벗어나 본 적이 있을까?
40. 무엇 때문에 화가 났을까?
41. 나는 왜 그게 더 갖고 싶을까?

42. 나를 불편하게 만드는 것은 무엇일까?

43. 완전하다는 것은 무엇일까?

44. 무엇 때문에 건강해야 할까?

45. 내가 사라져도 스스로 한 일 중에 남는 것은 무엇일까?

46. 사회적 공헌을 한 경험이 있을까?

47. 왜 중요한 일부터 해야 할까?

48. 내일이 없다면 오늘은 뭘 할까?

49. 지금 이 순간을 죽고 난 다음에도 기억하고 싶을까?

50. 오늘 우리가 약속한 것은 무엇일까?

51. 지금껏 살아오면서 성취한 일 중에 가장 훌륭한 것은?

52. 지금 하고 있는 일을 왜 계속하고 있을까?

53. 직장에서 하는 일 중에서 가장 즐거운 부분은?

54. 직업과 관련해 어떤 부분에 가장 열정을 갖고 있을까?

55. 직업과 관련해 만족을 방해하는 것은 뭘까?

56. 자신이 내린 결정 중에서 가족에게 영향을 미친 것은 무엇일까?

57. 결정하는 과정에서 가장 크게 영향을 준 것은?

58. 시각장애인이 절벽으로 걸어가는 것을 지켜보기만 했다면 살인일까?

59. 나는 누구일까?

60. 다른 누구도 아닌 '나'를 만난 적은 언제일까?

61. 다른 사람을 만나기 위해 따로 시간을 내듯이 자기 자신을 만나기 위해 한때라도 알뜰히 시간을 내어본 적이 있을까?

62. 나의 삶의 주인은 누구일까?

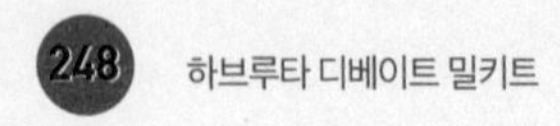

63. 미래를 위해 오늘 생각하는 것을 미루고 있는 것은?

64. 가족 중 단 한 사람도 찬성하지 않는 결정을 내려본 적이 있을까?

65. 자신이 살아남기 위해 거짓말을 할 수도 있을까?

66. 나는 가르치는 사람일까, 배우는 사람일까?

67. 두려움과 눈을 마주칠 수 있을까?

68. 세 잎 클로버 인생을 살면서 성공의 네 잎 클로버를 꿈꾸고 있을까?

69. 인생의 골을 넣으려면 어떻게 해야 할까?

70. 자책골을 넣지 않으려면 어떻게 해야 할까?

71. 상대방은 아무렇지도 않은데 혼자 마음이 불편하여 끙끙 앓은 경험은?

72. 천천히 살아가는 법을 연습하고 있을까?

73. 부모님과 친할까?

74. 다른 사람의 매력을 발견하는 눈을 가졌을까?

75. 버리고 싶은 안 좋은 버릇은?

76. 올해 지키고 싶은 약속 세 가지는 뭘까?

77. 나의 노력을 담는 작은 노트가 있을까?

78. 용기 있게 도전하여 실패한 것을 꾸준히 기록하면 어떤 가치가 있을까?

79. '실패는 성공의 어머니다.'라는 말을 어떻게 생각할까?

80. 실패를 기꺼이 맞이할 수 있을까?

81. 오늘 경험한 실패에서 무엇을 배웠을까?

82. 삶이 먼저일까, 꿈이 먼저일까?

83. 시행착오는 왜 아름다울까?

84. 세상을 바꿀 수 있는 단 하나의 진실은 뭘까?

85. 땅에 무엇인가를 심고 정성 들여 길러본 적이 있을까?

86. 꽃이 시드는 것을 지켜본 적이 있을까?

87. 우물처럼 깊은 기다림을 경험했을까?

88. 진실한 사랑을 이어가기 위해 어떤 준비를 하고 있을까?

89. 행운은 행복으로 이어질 수 있을까?

90. 우리는 모두 점점 죽어가고 있다는 말이 기분 나쁘게 들릴까?

91. 어느 날 갑자기 다른 사람이 된다면?

92. 세상에서 가장 아름다운 직업은 무엇일까?

93. 당신이 살면서 필요한 돈은 얼마나 될까?

94. '불편한 진실'을 마주한 적이 있을까?

95. 나를 기억하지 못하더라도 다시 만나고 싶은 사람은?

96. 누군가 나에게 "내 인생의 책"을 묻는다면?

97. 좋아하는 것을 포기해서 받게 된 선물이 있을까?

98. 어떻게 하면 나만의 '천직'을 찾을 수 있을까?

99. 가장 아까운 시간은 언제일까?

100. 잠들기 전 마지막으로 하는 것은 무엇일까?

101. 나의 행복은 몇 시간짜리일까, 몇 달짜리일까, 몇 년짜리일까?

102. 사람들이 함께 모여서 일을 하는 이유가 뭘까?

103. 기업의 목적은 수익 창출일까?

104. 수평적 리더십은 가능할까?

105. 밤을 꼴딱 새워 본 적이 언제일까? 가장 기억에 남는 밤샘은?

106. 기울어진 운동장을 평평하게 해야 할까, 그보다 중심을 잘 잡는

연습을 해야 할까?

107. 휴지통에 버린 것은 무엇일까?

108. 아침에 눈을 뜬 후 나온 첫마디는?

109. 30년 전에 태어났다면 나의 삶은 어땠을까?

110. 좋은 대학에만 들어간다면? 대기업에 입사한다면? 원하는 곳에 발령이 난다면? 승진만 된다면? 연봉만 많이 받는다면?

111. 한 사람만 벌어도 경제 생활하기에 충분히 넉넉하다면? 우리가 맞벌이 부부만 아니라면?

112. 아기가 걸음마를 한다면? 아이가 기저귀만 뗀다면? 아이가 병치레만 덜 한다면? 아이가 성적만 좋다면? 아이가 대학생이 된다면? 아이가 취업만 잘한다면? 그 다음은 어떤 질문이 나올까?

113. 듣는 것과 말하는 것 중 무엇이 편할까?

114. 아이에게 마지막으로 책을 읽어준 때는 언제일까?

115. 자유로부터의 자유란 무엇일까?

116. 일기는 혼자만 봐야 할까, 다른 사람에게 보여줘도 될까?

117. 가장 편리하게 이용하는 도구는?

118. 1시간 이상 다른 사람을 기다려본 경험은?

119. 들키지 않은 거짓말도 거짓말이라 할 수 있을까?

120. 내가 생각하는 편안한 삶이란?

121. 다른 사람에게 알려주고 싶은 비밀을 몇 개 가지고 있을까?

122. 자신의 그림자가 귀찮다고 생각한 적은?

123. 맨 처음으로 사랑에 대해 알려준 사람은?

124. 만약 세상이 셀 수 있는 것들로만 채워진다면 어떨까?

125. 최근에 물건을 잃어버린 경험은?

126. 어제 처음으로 만났던 사람은 얼마나 소중할까?

127. 가장 가까운 곳에 있는 책의 100쪽 첫 번째 문장은 무엇일까?

128. 앞으로 가족과 함께 몇 권의 책 이야기를 나눌 수 있을까?

129. 오늘 나의 어떤 모습이 가장 마음에 들까?

130. 오늘 하루를 닮은 색깔은?

131. 지금까지 기억하고 있는 꿈은 얼마나 될까?

132. 짙은 어둠 속에서 보이는 것은 무엇일까?

133. 거짓말이 진실을 이길 때가 있을까?

134. 마음도 나이를 먹을까?

135. 잘해 보고 싶은 일이 있는데 잘 안 되는 것은?

136. 사람은 왜 눈물을 흘릴까?

137. 가장 최근에 눈물을 흘렸던 때는?

138. 내가 요즘 자주 불평하는 것은?

139. 오늘 가장 감사했던 순간은?

140. 감사한 마음이 들면 주로 어떻게 표현할까?

141. 감사는 그런 마음이 자연스럽게 생겨야 하는 걸까? 평소에 감사 연습을 해야 할까?

142. 핸드폰에 있는 사진 중 가장 재미있는 사진을 하나 고른다면?

143. 엘리베이터에서 이웃들과 인사하는 것은 왜 쉽지 않을까?

144. 내가 존경하는 사람은?

145. 요즘 가장 자주 듣는 노래는?

146. 최근에 본 뉴스에서 가장 기억에 남는 것은?

147. 산과 바다 중 한 곳을 가게 된다면, 어느 곳을 선택할까?

148. 포기하고 싶었지만 그렇게 하지 않은 것이 있다면?

149. 바라는 게 있는데, 좀처럼 말을 꺼내기 어려운 이유는?

150. 시간을 가장 잘 낭비하는 방법은?

151. 인생은 계획한 대로 모두 이루어질까?

152. 꿈속에서 나 자신을 만난 적이 있을까?

153. 꿈속에서 가족과 함께 여행한 적이 있을까?

154. 고소공포증이 있는 새가 있을까?

155. 1부터 365까지 숫자를 모두 더하면 몇이 될까?

156. 오늘 '네'와 '아니오' 중 어떤 대답을 더 많이 했을까?

157. 세상에서 '사랑'이라는 단어가 사라진다면 그것을 어떻게 표현할 수 있을까?

158. 1년 전 바로 오늘 사진은?

159. 10년 전 오늘 무엇을 했을까?

160. MBTI 유형이 서로 다른 가족은 어떤 점이 좋을까?

161. 바로 오늘 현재 있는 곳을 기준으로 가장 멀리 가본 곳은?

162. 가족 모두가 동시에 손을 잡아본 마지막 때는?

163. 만약 자신의 이름을 바꾼다면?

164. 최근에 길을 잃고 헤맨 적이 있을까?

165. 마음이 길을 잃고 헤맬 때 누구에게 길을 물어야 할까?

166. 볼펜을 사서 잉크가 완전히 없어질 때까지 쓴 적은?

167. 말하지 않은 채 하루를 보낸 적이 있을까?

168. 아는 사람 중에 생일 같은 사람이 있을까?

169. 다른 사람의 눈빛과 표정이 신경 쓰일 때는 언제일까?

170. 자신을 제한하는 것은 무엇일까?

171. 만약 자신이 세상을 떠나는 정확한 날짜를 안다면?

172. 수학 이차 방정식 문제를 풀어 본 마지막 때는?

173. 우연과 필연 사이에 무엇이 있을까?

174. 꿈속에서 또 다른 꿈을 꾼 적이 있을까?

175. 자신에게 편지를 쓴 적이 있을까?

176. 탁구공을 얼마나 멀리 던질 수 있을까?

177. 아빠와 자녀가 캐치볼을 한 마지막 때는?

178. 하늘의 별을 몇 개까지 세어봤을까?

179. 나이를 먹는다는 것은 무엇이 달라진다는 뜻일까?

180. 나이를 먹으면서 잊어가는 것은 뭘까?

181. 나이를 먹으면서 얻는 것은 뭘까?

182. 지금까지 당신을 기다려준 사람은 누구누구인가?

183. 겉과 속이 다른 사람은 무엇이 다를까?

184. 가끔 누군가 말을 걸어주길 바라나?

185. 마지막으로 도장을 찍거나 싸인을 한 곳은 어딘가?

186. 소설 속 인물 중 절친으로 만나고 싶다고 생각한 사람은?

187. 자신의 일터와 삶터에서 공정의 가치가 가장 잘 실천되는 곳은?

188. 받은 편지 중 가장 기억에 남는 것은?

189. 비밀의 적당한 유효기간과 유효기간이 끝난 비밀이 있을까?

190. 가끔 꿈에서 모르는 사람이 나올까?

191. 길을 걸을 때 주로 무슨 생각을 할까?

192. 어둠 속에서만 보이는 것은 무엇일까?
193. 아무리 밝아도 보이지 않는 것은 무엇일까?
194. 감성은 지성에게 가끔씩 무슨 얘기를 건넬까?
195. 속이는 것과 속는 것 중 어느 편이 마음이 아플까?
196. 인간이 저지르는 가장 어리석은 행위는 뭘까?
197. 삶이란 왜 살아낼 만한 가치가 있는 것일까?
198. 가는 길과 돌아오는 길 중 어느 길을 더 좋아하나?
199. 가벼운 고민과 무거운 고민은 무엇일까?
200. 영웅을 필요로 하나요? 아니면 영웅이 되고 싶은가요?
201. 플러스와 마이너스가 꼭 필요한 곳은?
202. 책장에 있지만 보지 않는 책은 어떤 가치가 있을까?
203. 사랑은 어떻게 시작될까?
204. 가장 최근에 시를 읽어 본 적은 언제일까?
205. 오늘 하루 종일 가장 많이 이야기를 나눈 사람은?
206. 종이책은 30년 후에 살아남을까?
207. 책을 읽지 않은 지 몇 시간이 지났을까?
208. 아무도 책을 읽지 않는 시대가 올까?
209. 아이를 키우면서 잃은 것과 얻은 것은?
210. 진실과 사실은 어떤 점에서 차이가 날까?
211. 인류 최초의 거짓말은? 인류 마지막 거짓말은?
212. 내가 한 가장 부끄러운 거짓말은?
213. 가장 용기 있게 말한 진실은?
214. 지금까지 해온 일과 하고 싶던 일은 얼마나 비슷할까?

215. 지금 시작하기에 너무 늦었다고 생각되는 일은?

216. 당신에게 사진이란 어떤 의미를 가질까?

217. 당신에게 음악이란?

218. 환경 문제는 빈곤이나 전염병 문제보다 더 중요할까?

219. 전혀 모르는 사람과 나누었던 재미있었거나 예상치 못했던 대화가 있다면?

220. 고등학교를 졸업하는 학생들을 위한 졸업 축사를 한다면?

221. 현재 살고 있는 동네에 대해 5가지만 말한다면?

222. 눈앞에 인생사가 주마등처럼 지나가는 경험을 해본 적이 있을까?

223. 자신이 내린 결정 중 가장 어려웠던 것은 무엇이었을까?

224. 오늘 하루를 시간대별로 말해본다면?

[부록3]
키워드 질문 만들기 샘플

20년 이상 탈무드와 하브루타를 연구한 김정완 작가의《질문 잘하는 유대인 질문 못하는 한국인》에서 발췌한 키워드 질문 목록이다. 하아도 하브루타에 첫발을 내디딜 때 김정완 작가로부터 질문 만들기를 배웠다. 질문 목록을 참고해서 가족과 함께 연습해보자.

키워드 1 : 책

1. 책은 왜 만들어졌고, 책은 왜 네모여야 하는가?
2. 최초의 책은 무엇인가?
3. 책 없이 정보를 저장할 순 없나?
4. 책이 발명되지 않았다면 인간의 역사는 어떻게 바뀌었을까?
5. 왜 기록하며, 기록은 인간의 본능인가?
6. 인쇄술이 발명되기 전에는 책을 어떻게 만들었을까?
7. 책의 재료는 단순히 종이뿐인가?
8. 컴퓨터 시대에 종이책은 영영 사라질까?
9. 책을 많이 읽으면 정말 지혜로워지고, 책은 꼭 필요한가?
10. 책을 어떻게 읽어야 삶에 도움이 될까?
11. 책은 우리를 행복하게 하는가?
12. 책과 토론은 어떤 관련성을 맺는가?

13. 유대인과 우리가 책을 읽는 방식은 어떻게 다를까?

14. 책을 쓰는 사람들은 어떤 사람들일까?

15. 책이 드문 시절, 그때 사람들은 어떻게 공부했을까?

다음은 '문장' 하나를 놓고 질문 만들기를 한 사례이다.

키워드 2 : 우리나라는 민주공화국이다.

1. 대한민국이 민주공화국인 것은 어디서 증명하고 있나?
2. 대한민국 민주공화국은 북한의 민주공화국과 어떻게 다른가?
3. 민주공화국의 주인은 누구인가?
4. 대한민국은 언제부터 민주공화국이었나?
5. 민주공화국 초대 국회는 언제 만들어졌나?
6. UN에서 대한민국을 인정한 것은 언제인가?
7. 대한민국의 주권은 어디에 명시돼 있나?
8. '민주'라는 것은 대한민국에서 살 때 언제 느낄 수 있나?
9. 대한민국과 가장 비슷한 형태의 나라는 어디인가?
10. 민주공화국은 어떻게 의사결정이 이뤄지는가?
11. 민주공화국의 경제는 어떤 형태인가?
12. 민주공화국에서 자본주의 이후의 모습은 어떤 형태의 경제인가?
13. 민주공화국에서 사람들은 어떻게 학습하는가?
14. 민주공화국의 토지 소유와 거래는 어떻게 이뤄지는가?
15. 민주공화국인 우리나라에는 자유가 있는가?

16. 우리나라는 어떤 사람에게 국민으로서의 권리를 부여하는가?

17. 언제나 민주공화국은 유효한가?

18. 앞으로의 민주공화국은 어떤 형태로 진화할 것인가?

19. 통일 이후의 민주공화국은 어떤 모습일까?

20. 통일 이후의 토지는 어떤 형태로 소유되고 거래될 것인가?

키워드 3 : 사과

'사과'라는 키워드로 만든 질문 목록 100개를 만들어보았다. 가정에서 키워드를 정해서 함께 생각나는 대로 질문을 나열해보면 좋다.

1. 사과는 왜 동그랄까?
2. 사과는 땅에서만 자랄까?
3. 사과의 맛은 왜 하나님 맛을 낼까?
4. 사과가 잘 자라는 땅은?
5. 왜 그런 땅에서 잘 자라는가?
6. 사과는 어떤 기후에서 잘 자라는가?
7. 사과가 많이 나는 지방의 기후는?
8. 사과가 자라지 못하는 땅은 어떤 땅인가?
9. 사과의 맛을 결정하는 요소는?
10. 사과를 달게 하기 위해서는 어떤 재배환경을 조성해야 하는가?
11. 지금까지 생산된 사과의 종류는?
12. 사과 종류마다 어떤 차이가 있는가?
13. 사과 종류마다 토질의 차이는?
14. 사과를 다른 나무에 접붙이기가 가능한가?

15. 우리나라 사람들은 사과를 얼마나 소비할까?

16. 다른 과일과 비교해서 사과의 장점은?

17. 사과를 오래 보관하려면 어떻게 하는 게 좋은가?

18. 사과는 어떤 온도에서 얼마 동안 싱싱하게 보관할 수 있는가?

19. 사과의 영양 성분은?

20. 사과에 항암 성분이 있는가?

21. 사과를 하루에 어느 정도 먹어야 적당한 섭취량인가?

22. 사과를 과다 섭취하면 몸에서 어떤 부작용이 일어나는가?

23. 사과를 평생 먹을 수 없는 사람도 있는가?

24. 사과 알레르기도 있는가?

25. 사과 알레르기가 있다면, 그 증상은 어떤가?

26. 어떤 사람에게 사과가 가장 유익한가?

27. 사과는 어느 계절에 수확하는가?

28. 사과나무의 가지치기는 언제 어떻게 하는가?

29. 우리나라에 사과 과수원은 얼마나 있는가?

30. 우리나라 1년 사과 생산량은?

31. 사과 주산지로 꼽히는 지방의 이름은?

32. 왜 그 지방이 사과 주산지로 꼽히는가?

33. 사과 주산지라면 1년에 어느 정도 생산량을 기록해야 하는가?

34. 사과 주스를 만드는 공정은?

35. 사과 주스에 들어가는 조미료 같은 성분은?

36. 사과 엑기스를 만들면 사과가 몇 개 필요한가?

37. 태풍에 떨어진 사과는 이렇게 재활용할 수 있을까?

38. 사과를 잘 먹는 동물은?

39. 사과를 싫어하는 동물은?

40. 사과의 신맛을 중화하려면 어떻게 하는가?

41. 사과를 익히면 사과 맛이 어떻게 달라지는가?

42. 사과를 피부팩 같은 것으로 만들 순 없을까?

43. 사과의 신맛을 약으로 활용한다면 어떤 병에 좋을까?

44. 사과 껍질에는 어떤 영양분이 담겨 있을까?

45. 사과 껍질의 영양분은 어떤 병에 좋을까?

46. 말린 사과는 말리지 않은 사과보다 어떤 점에서 유익한가?

47. 말린 사과를 가공해서 팔려면 어떤 공정을 거쳐야 하는가?

48. 사과를 시중보다 높은 값에 출하하려면 어떤 아이디어가 필요한가?

49. 사과를 오래 보관하는 방법은?

50. 사과를 깎아놓았을 때 갈변하는 걸 최대한 막는 방법은?

51. 사과는 인류에게 어떤 과일인가?

52. 사과는 인류에게 어떤 유익을 줬는가?

53. 성경의 선악과를 종종 사과에 비유하는 이유는?

54. 사과를 소재로 한 영화나 문학 작품은?

55. 세계적인 사과 주산지는?

56. 사과 재배 한계선은?

57. 사과 재배에 적합한 토질은?

58. 사과를 주스로 만들었을 때 파괴되는 영양분은?

59. 사과의 영양분을 가장 잘 흡수할 수 있는 섭취 방법은?

60. 사과가 다이어트에도 좋은가?

61. 사과를 하루 중 어느 때 먹어야 가장 좋은가?

62. 사과를 먹어선 안 되는 연령대도 있을까?

63. 사과를 어느 때 먹으면 안 되는가?

64. 스티브 잡스는 왜 한입 베어 문 사과를 상징으로 선택했을까?

65. 스티브 잡스가 자기 컴퓨터에 애플이라는 이름을 붙인 이유는?

66. 사람들이 애플이라는 이름이 붙은 컴퓨터를 접했을 때 첫 반응은 어땠을까?

67. 사과와 컴퓨터, 어떤 점에서 공통점을 찾을 수 있을까?

68. 애플 말고 컴퓨터 이름으로 가장 알맞은 과일 이름이 있을까?

69. 왜 그 과일이 컴퓨터 이름으로 적당하다고 생각하는가?

70. 애플이라는 이름이 스티브 잡스의 컴퓨터를 정말 유명하게 만들었을까?

71. 그렇다면 어떤 점에서 그렇다고 생각하는가?

72. 스티브 잡스는 애플이라는 이름을 붙이면서 사람들에게 자신의 컴퓨터가 어떤 이미지로 각인되길 원했을까?

73. 애플이라는 이름이 스티브 잡스가 만든 컴퓨터에 어울린다면 어떤 점에서 어울린다고 생각하는가?

74. 당신이 스티브 잡스라면, 애플에서 쫓겨났을 때, 여전히 사과를 좋아할 수 있었을까?

75. 사과 파이의 레시피는?

76. 사과 파이와 잘 어울리는 음료는?

77. 사과를 주재료로 한 요리가 있다면?

78. 사과를 오븐에 굽는다면 그 맛은?

79. 사과 꽃이 피는 시기는?

80. 사과는 묘목으로 심은 지 몇 년 만에 정상적인 사과를 맺는가?

81. 사과의 품질을 결정하는 결정적인 요소는?

82. 사과의 등급은 어떻게 정해지는가?

83. 스피노자는 왜 지구가 내일 멸망한다면 사과나무를 심는다고 했을까?

84. 스피노자의 사과는 어떤 의미일까?

85. 당신이라면 사과나무 말고 어떤 나무를 심고 싶은가?

86. 왜 그 나무를 심고 싶은가?

87. 스피노자의 사과와 스티브 잡스의 사과는 어떤 점에서 닮았는가?

88. 두 사과의 의미의 차이는 무엇인가?

89. 집 베란다에서도 사과를 가꿀 수 있을까?

90. 이 세상에서 사과가 갑자기 사라진다면?

91. 사과와 사촌 관계에 있는 과일은?

92. 사과와 배를 접붙일 수 있을까?

93. 스피노자가 심으려던 사과나무의 종류는?

94. 사과로 만들 수 있는 가공식품의 종류는?

95. 사과로 통조림을 만들 순 없을까?

96. 갈변 현상이 없는 사과는 생산할 수 없을까?

97. 인류가 언제부터 사과를 먹기 시작했을까?

98. 당신이 사과를 맛본 시기는 언제이며 첫인상은 어땠는가?

99. 내 삶에서 사과가 의미하는 바는?

100. 사과에 얽힌 당신만의 에피소드가 있다면?

참고 자료

《질문 잘하는 유대인 질문 못하는 한국인》 김정완, 한국경제신문, 2018

《질문이 있는 교실 (중등편)》 전성수·고현승, 경향BP, 2015

《부모라면 유대인처럼 하브루타로 교육하라》 전성수, 위즈덤하우스, 2012

《질문이 답을 바꾼다》 앤드루 소벨·제럴드 파나스, 어크로스, 2012

《이것은 질문입니까?》 존 판던, RHK, 2011

《인생기출문제집 1》 우석훈 외 19명, 북하우스, 2009

《질문:나와 세상을 마주하기 위한 365개의 물음》 다나카 미치, 아르테, 2019

《부모자녀 마음대화 질문 카드》 바스켓 게임즈, 디자인연, 2021

《행복한 우리집 가정 예배 카드》 바스켓 게임즈, 디자인연, 2021

《클레이 질문 카드》 QLAY 질문카드, 2017

《아이의 엉뚱한 질문, 엄마의 현명한 대답》 이영호, 흙마당, 2006

《아이들이 묻고 노벨상 수상자들이 답한다》 베티나 슈티겔, 보물창고, 2022

《매일 성장하는 아이의 3년 일기》 벳시 프랑코, 심야책방, 2016

《Q&A to me》 김민준, 프로젝트A, 2016

《5년 후 나에게 : Q&A a day》 포터 스타일, 토네이도, 2016

《최고의 석학들은 어떤 질문을 할까?》 미하이 칙센트미하이·권터 슈미트 등, 웅진 지식하우스, 2014

《토론을 알면 수업이 바뀐다》 신광재 외, 창비, 2011

《학교 토론수업의 이해와 실천》 구정화, 교육과학사, 2009

《생각을 키우는 토론수업 레시피》 김혜숙 외, 교육과학사, 2011

《공부가 새로워지는 토론학습 1교시》 황연성, 이비락, 2013

《책 읽는 아이, 토론하는 우리집》 김성현, 미래지식, 2013

《토론의 힘》 강치원, 느낌이있는 책, 2013
《청소년을 위한 토론학교 시리즈》 박의준·최훈·전국역사교사모임·윤용아·김범묵 외, 우리학교, 2019
《10대를 위한 행복한 독서토론》 권일한, 행복한아침독서, 2017
《디베이트 첫걸음》 케빈 리 외, 한겨레에듀, 2012
《대한민국 교육을 바꾼다, 디베이트 입문편》 케빈 리, 한겨레에듀, 2013
《어디서든 통하는 논리학 사용설명서》 케빈 리, 이지스에듀, 2015
〈퍼블릭 포럼 디베이트 수업모형이 초등학생들의 비판적 사고력과 정의적 특성에 미치는 영향〉 정진우, 석사학위논문, 2012
〈디베이트 교육 프로그램 소개〉 정진우, CTS기독교TV 뉴스 더보기, 2019

[메뉴 1. 참고자료]

전라일보, 비극을 막은 소신, 2021.12.22, 오피니언
전라일보, 동물 실험 2021.10.18, 오피니언
국제신문, 열악한 대학 동물 실험 시설… 거점센터 건립 해답될까, 2020.01.03, 이은정

[메뉴 2. 참고자료]

전라일보, 말의 품격 2021.10.20, 문형준
동양일보, "언어가 흔들리면 나라 혼 흔들리는 것", 2021.12.02, 함종석
중앙일보, "일본어만 쓰고 말하라"… 일제의 한국어 말살정책 본격화 2010.03.17, 허동현
헤럴드 경제, '펜은 칼보다 강하다' 누가 그랬나, 2015.01.09, 문영규

[메뉴 3. 참고자료]

중도일보, 산다는 것의 의미, 2020.10.30, 민상식
기호일보, 친절과 선행은 인격이다, 2021.07.07, 권혁진
배재학당 역사박물관 설명 자료

[메뉴 4. 참고자료]

脫플라스틱 실천을 위한 '용기'를 내야할 때, 충청투데이, 2021.10.05, 김명선

〈환경 다큐 플라스틱 행성〉(Plastic Planet, 2009, Werner Boote)

《나의 탄소 발자국은 몇 kg일까?》 폴 메이슨, 다림, 2011

《우리는 플라스틱 없이 살기로 했다》 산드라 크라우트바슐, 양철북, 2016

《이어령의 교과서 넘나들기 15: 환경편》, 곽임정난, 살림, 2012

《내가 조금 불편하면 세상은 초록이 돼요》 김소희, 토토북, 2009

[메뉴 5. 참고자료]

동물원에서 굶어 죽는 동물들 안 생기도록 근본적 대책을, 매일신문, 2021.02.09

동물복지 외면하는 우치동물원 어쩌나, 광주매일신문, 2021.05.20

어린이지식e-9 자연과 생태계, EBS지식채널e제작팀

[메뉴 6. 참고자료]

'페치카' 최재형 선생 순국 100주년, 한겨레, 2002.04.15, 권혁철 논설위원

수직적인 학교 문화를 변화시키는 작은 실천, 전북도민일보, 2021.12.23, 윤일호

별명, 광주 매일신문, 2020.11.06, 주홍 치유예술가

《함께 사는 게 뭐예요?》 오스카 브르니피에, 상수리, 2008

《나는 나야 그렇지?》 독일 바이에른 아동철학 아카데미, 시금치, 2015

[메뉴 7. 참고자료]

동해북부선 철도 공사 착공에 즈음하여, 강원도민일보, 2022.01.05, 조민행, 동해북부선 철도연결 추진위원회 집행위원장

동해북부선, 강원일보 오피니언, 2022.01.07, 이규호

《통일; 통일을 꼭 해야 할까?》 이종석·송민성, 풀빛, 2017

《통일이 분단보다 좋을 수밖에 없는 12가지 이유》 홍민정, 단비어린이, 2019

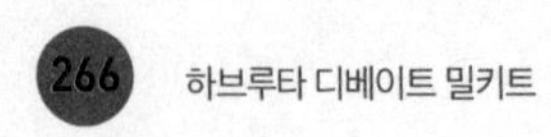

[메뉴 8. 참고자료]

국토발전전시관기획전시:미래국토Mobility Innovation(2021.11~2022.05)

《인공 지능과 미래 인재 이야기》서지완 글, 박은미 그림, 크레용하우스, 2019

[메뉴 9. 참고자료]

청소년 수면 관리에 대한 가정 교육…, 기호일보, 2021.05.11, 전재학

청소년…'몰아자기'는 시간허비, 경인일보, 2021.11.023, 김보미

한국…청소년 성장관리에는 무관심, 이데일리, 2021.12.15, 박승찬

[메뉴 10. 참고자료]

스토리 HER STORY VIEW, 서울시립미술관, 2020.07.22

늘 새로운 얼굴들-김수신 약업신문, 2020.02.02, 양혜인

'성형중독', '날씬욕망' 벗어나는 길, 먼저 '절단' 하라! [내 몸은'나' 다] 정희진과 함께 읽는 〈몸에 갇힌 사람들〉, 프레시안, 2011.09.02, 안은별

[메뉴 11. 참고자료]

시민회의 "사형제도 존속되야", 데일리안, 2005.03.29, 이주영

일본, 2년 만에 사형 집행…, 국민일보, 2021.12.21, 나성원

97년 12월 30일 흉악범 23명 사형집행, 대한민국 마지막 사형집행 한국일보 2021.12.30 김주성

사형 미집행 25년차 맞은 대한민국… 아시아경제, 2022.01.02, 이관주

"사망선고까지 43분 고통으로 신음"… 사형제도 폐지돼야 할까요? 서울신문, 2021.10.31, 김채현

흉악범 사형 집행에 대하여, 전북일보, 2021.09.13, 최영호

[메뉴 12. 참고자료]

'십자가형'에서 시작된 '개고기 문화'…2700년 역사 끝나려나, 경향신문, 2021.10.11, 이기환

보신 문화부터 전기도살 유죄까지…, 한겨레, 2020.07.24, 김지숙

"보신탕, 우리 문화 아니다" 개식용, 그 끝은 언제일까-허주형 대한수의사회장 "개식용은 중국 문화", 뉴스1, 2021.06.26, 최서윤

세상에 나쁜 개는 없다, 서울신문, 2021.09.09, 이종락

[메뉴 13. 참고자료]

"초등학생 62%, 스마트폰 사용 중", 이데일리, 2015.07.21, 김현아

청소년 18% '인터넷·스마트폰' 중독…초등생 위험군 증가, KBS NEWS, 2021.05.23

초등생 스마트폰 중독실태, 일요시사, 2021.08.02, 차철우

"스마트폰 사주며 모든 게 끝났다" 게임중독 아들과 3년간 전쟁, 한경닷컴, 2021.11.05, 이미나

《어쩔 수 없이 허락했는데, 어느새 게임 중독》 김평범, 길벗, 2021

[메뉴 14. 참고자료]

서울역사박물관 '육조거리'전 도록

대한민국역사박물관 '광화문'전 도록

4.19 혁명 도화선된 고교생 김주열의 주검, 서울신문, 2019.04.19, 오달란

화내지 않고 화내는 법, 경향신문, 2019.12.22, 이문재

'분노 공화국'과 르상티망, 2021.12.23, 안남영

미국 CEO가 '간장 두 종지' 기자에게 보내는 충고, 오마이뉴스, 2017.11.26, 이명수

천재학습백과 초등 다양한 문화, 천재교육